R. SPRAGUE

Unterhaltsame Mathematik

ROLAND SPRAGUE

Unterhaltsame Mathematik

Neue Probleme –

überraschende Lösungen

2., verbesserte Auflage

Mit 21 Abbildungen

FRIEDR. VIEWEG & SOHN · BRAUNSCHWEIG

ISBN 978-3-322-97989-6 ISBN 978-3-322-98598-9 (eBook)
DOI 10.1007/978-3-322-98598-9

1. Nachdruck 1969

Best.-Nr. 8183

Vorwort

Die Freude am Mathematischen hat viele Quellen: sie entspringt dem Wunsch nach Unterhaltung und dem Interesse an spannenden Problemen, kniffligen Schlußfolgerungen und überraschenden Lösungen.

Hier ist eine Auswahl an meist neueren Fragestellungen getroffen, von denen einige bisher in Fachzeitschriften ein weniger beachtetes Dasein führen oder nur in mündlicher Überlieferung existieren; sie alle können der Unterhaltungsmathematik zugerechnet werden und verdienen daher bekannter zu werden. Die Voraussetzungen zum Verständnis der Antworten beschränken sich im allgemeinen auf das Schulwissen.

Mein besonderer Dank gilt Herrn Prof. Herbert Meschkowski, der diesen Versuch ermutigte und die Verbindung mit dem Verlage herstellte. Allgemeiner Dank gebührt den am Schluß genannten Autoren, auf deren Arbeiten diese Schrift großenteils beruht.

Berlin, im Juni 1961

Roland Sprague

Aufgaben

Seite

Lösungen

Aufgaben

1 Gesucht: Zentrale

Ein Stadtplan zeigt lauter gerade Straßen und rechtwinklige Kreuzungen. Eine ungerade Anzahl von Straßenecken ist mit Kiosken besetzt (Abb. 1), deren Inhaber ihre Waren von einer gemeinsamen Zentrale holen wollen. Diese soll so angelegt werden, daß die Summe der Wegstrecken von den Kiosken zur Zentrale den kleinsten Betrag hat; von der Breite der Straßen wird dabei abgesehen, in der Figur entspricht jede Gerade einer Straße.

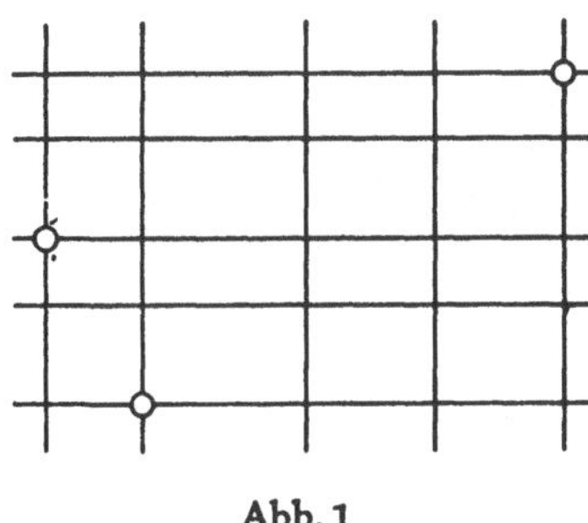

Abb. 1

2 Wirre Drähte

Ein Kabel mit n Adern durchquert einen Fluß. An beiden Ufern stehen die Ader-Enden in unbekannter Zuordnung frei heraus. Man soll die Zuordnung feststellen; dazu dienen eine Batterie, eine Klingel und zwei Sätze von Täfelchen mit den Nummern von 1 bis n. Man darf nur einmal über den Fluß und zurück.

3 Schwere Kisten

Fünf gleiche würfelförmige Kisten, deren Oberseiten je ein „*A*" tragen, stehen nebeneinander, wie Abb. 2 zeigt. Die Kisten sollen in eine Reihe gebracht werden, wiegen aber so schwer, daß sie nur durch Kippen über eine Kante zu bewegen sind. Da es ohne Schönheitsfehler nicht abzugehen scheint, begnügt man sich mit der Stellung der Abb. 3 (von oben gesehen).

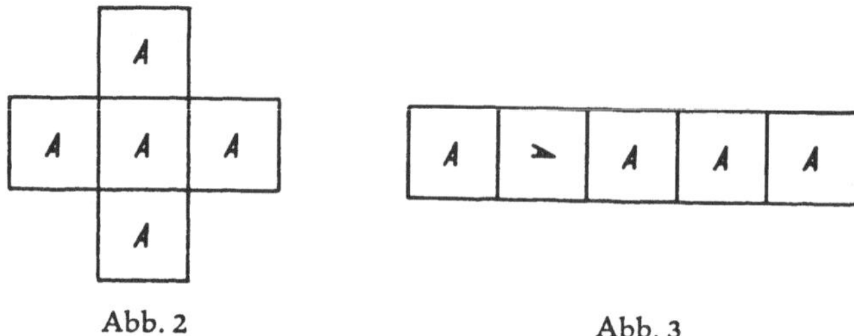

Abb. 2

Abb. 3

(1) Welche Kiste stand vorher in der Mitte?

Die mit verschiedenen Buchstaben bezeichneten Kisten (Abb. 4) sollen wieder in eine Reihe gebracht werden; doch nur vier sind so schwer wie in der vorigen Aufgabe, die fünfte ist leer und leicht zu handhaben. Es wird schließlich die Stellung *ABDCE* erreicht.

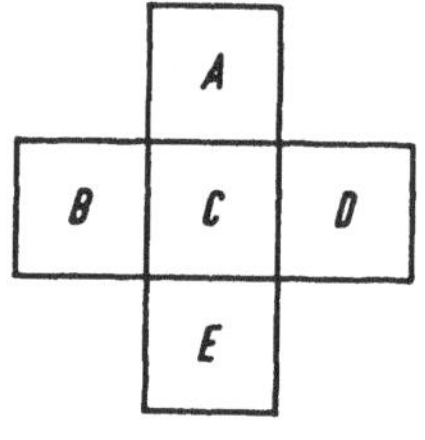

Abb. 4

(2) Welches ist die leere Kiste?

Mit *zwei* Attrappen läßt sich aus Abb. 4 die alphabetische Ordnung *ABCDE* herstellen.

(3) Welches sind die Attrappen?

4 | Ein Spiel mit vier Zahlen

Bildet man zu vier beliebigen ganzen Zahlen a, b, c, d reihum ihre Differenzbeträge $|a-b|$, $|b-c|$, $|c-d|$, $|d-a|$, so entsteht eine neue Reihe von vier ganzen (nicht-negativen) Zahlen, aus der man wieder eine dritte gewinnen kann, und so fort.

Das Beispiel $a=5$, $b=11$, $c=0$, $d=2$ führt zur Tabelle:

5	11	0	2
6	11	2	3
5	9	1	3
4	8	2	2
4	6	0	2
2	6	2	2
4	4	0	0
0	4	0	4
4	4	4	4
0	0	0	0

Die zehnte und jede folgende Reihe besteht aus lauter Nullen.

Weitere Versuche scheinen dafür zu sprechen, daß früher oder später stets die Nullenreihe auftritt. Ersetzt man im Beispiel die 11 durch 12, so hat schon die achte Reihe vier Nullen; ersetzt man aber die 11 durch irgendeine riesige ganze Zahl, dann steht die erste Nullenreihe sogar in der siebenten Zeile. Damit erheben sich folgende Fragen:

(1) Ergibt sich *stets* schließlich eine Reihe von Nullen? Und wenn dies bejaht wird,

(2) existiert eine Zahl N mit der Eigenschaft, daß in jedem Falle spätestens die N-te Zeile des Schemas aus lauter Nullen besteht?

(Vorsicht! Im Spiel mit *drei* Zahlen enthält die mit 0,0,1 beginnende Tabelle *keine* Nullenreihe.)

5 | Von Ziffernsystemen und Palindromen

Um Zahlen zu schreiben, benutzen wir heute ein Verfahren, das mit zehn verschiedenen Zeichen auskommt, nämlich mit den Ziffern von 0 bis 9. Wir haben gelernt, z. B. die Summe $\mathbf{3}\cdot 10^3+\mathbf{0}\cdot 10^2+\mathbf{9}\cdot 10+\mathbf{7}$ kurz und unmißverständlich durch 3097 zu bezeichnen, und ein Schulkind kann nachprüfen, daß diese Zahl sich ergibt, wenn man 163 mit 19 multipliziert. Um die Schwierigkeit einer solchen Aufgabe mit römischen Zahlzeichen zu ermessen, bedenke man, daß im Jahre 1326 die Aufstellung des Einmaleins bis $50\cdot 50$ durch den damaligen Rektor der Universität Paris als bedeutende wissenschaftliche Leistung galt.

Die Bevorzugung der Zahl 10 in unserem Ziffernsystem ist nicht mathematisch begründet: der Anfänger im Rechnen nimmt seine Finger zu Hilfe; „Ziffer" und „Fingerbreite" haben im Englischen denselben Namen.

Im System mit der Grundzahl 5 ist $3097=\mathbf{4}\cdot 5^4+\mathbf{4}\cdot 5^3+\mathbf{3}\cdot 5^2+\mathbf{4}\cdot 5+\mathbf{2}$ und darum als „44342" zu schreiben, dort gibt es nur die Ziffern von 0 bis 4, $5=\mathbf{1}\cdot 5+\mathbf{0}$ wird zu „10" und $55=\mathbf{2}\cdot 5^2+\mathbf{1}\cdot 5+\mathbf{0}$ zu „210".

Im System mit der Grundzahl 2, dem „dyadischen" oder „binären" Ziffernsystem gibt es dementsprechend nur die Ziffern 0 und 1, dafür übertrifft freilich die „Länge", d. h. die Stellenzahl, einer dyadisch geschriebenen Zahl, von endlich viel Ausnahmen abgesehen, das Dreifache ihrer Länge im dekadischen System.

Ebenso einfach wie im dekadischen System entscheidet man in anderen Systemen, welche von zwei Zahlen größer ist. Haben sie ungleiche Länge, so ist die längere auch die größere Zahl. Sonst vergleicht man, von links beginnend, ihre Ziffern: die Zahl, die zuerst eine höhere Ziffer hat als die andere an der gleichen Stelle, ist dann größer. So ist 1100 größer als 1011, um welches System es sich auch handele.

Das Addieren zweier dyadisch geschriebenen Zahlen ist leicht zu lernen. Man schreibt sie wie im dekadischen System untereinander, fängt mit dem Rechnen von rechts an und hat nur etwaige Überträge von 1 auf die nach links folgende Stelle zu beachten. Das Beispiel

$$\begin{array}{r} 11011 \\ +\ 1110 \\ \hline 101001 \end{array} \qquad \left(\text{dekadisch:} \begin{array}{r} 27 \\ +14 \\ \hline 41 \end{array} \right)$$

enthält schon alle Schwierigkeiten.

Für das dyadische System läßt sich eine Frage beantworten, die im dekadischen System noch offen zu sein scheint. Addiert man im dekadischen System zwei Zahlen, welche die entgegengesetzte Ziffernfolge aufweisen, so kann es sein, daß die Summe ein „Palindrom" wird, d. h. eine Zahl, die von links gelesen dieselbe Ziffernfolge zeigt wie von rechts; z. B. ergibt die Summe von 1030 und 0301 das Palindrom 1331. Es kann aber auch sein, daß die Summe kein Palindrom wird, wie bei $812+218=1030$, wo dann erst die nochmalige Anwendung des Verfahrens zu einem Palindrom führt, nämlich eben zu 1331. Die erwähnte Frage ist nun, ob man von *jeder* Zahl aus auf diese Art früher oder später zu einem Palindrom gelangt. Diese Frage ist für das dyadische System zu verneinen: Im dyadischen System ergibt der obige Prozeß, beliebig oft angewandt auf die Zahl „10110" (dekadisch: 22), nie ein Palindrom. Beweis?

6 | Rangiermanöver

Ein Gleis verzweigt sich, leicht abfallend, in zwei an Prellböcken endende Stränge *a*, *b* (Skizze Abb. 5). Die durch Buchstaben bezeichneten Wagen eines Zuges mit bergan stehender Lokomotive (Pfeil) werden einzeln oder gruppenweise abgekoppelt und rollen, je nach der Weichenstellung, auf *a* oder *b*. Dann rangiert die Lokomotive und bildet einen neuen Zug, dessen vorderer (hinterer) Teil aus den Wagen von *a* (*b*) besteht. Dies heiße „ein Manöver". Die Wagen sollen durch Rangieren in die alphabetische Reihenfolge gebracht werden.

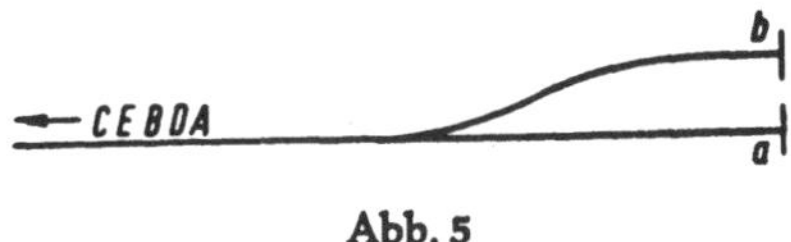

Abb. 5

Zu diesem Zweck kann man das betreffende „Wort" in Leseabschnitte gliedern, indem man die Buchstaben der alphabetischen Reihe nach ansieht und immer dann einen neuen Leseabschnitt beginnt, wenn dabei eine Augenbewegung nach links erfolgt. Die Leseabschnitte von *CEBDA* sind demnach 1) *A*; 2) *B*; 3) *C*, *D*; 4) *E*. Ein naheliegendes Rangierverfahren besteht darin, beim ersten Manöver die oder den Wagen des 1. Leseabschnitts nach *a*, alle übrigen nach *b* rollen zu lassen. Damit kommen die Wagen des ersten Leseabschnitts an die gewünschten Plätze hinter der Lokomotive und brauchen bei den folgenden Manövern nicht mehr abgekoppelt zu werden. Im zweiten Manöver läßt man alle Wagen des zweiten Leseabschnitts nach *a*, die der späteren Leseabschnitte nach *b* fahren. Damit gelangen auch die Wagen des 2. Leseabschnitts an die richtigen Stellen. So geht es weiter bis zum vorletzten Leseabschnitt; denn wenn dessen Wagen eingeordnet sind, bilden die Wagen des letzten Leseabschnitts schon von selbst das Ende des Zuges.

Das hiermit beschriebene Verfahren erfordert also ein Manöver weniger, als die Anzahl der Leseabschnitte beträgt; es entspricht aber meist nicht der zusätzlichen Forderung auf eine Mindestzahl von Manövern.

(1) Man ordne die Wagenfolge *CEBDA* in nur zwei Manövern alphabetisch!

(2) Die Wagen bilden das Wort *FRUEHLINGSMOND*; wieviel Manöver sind zur alphabetischen Ordnung notwendig?

7 Rot oder schwarz

Zu einer Art von Intelligenzprüfung haben sich sechs Personen bereitgefunden. Der Leiter informiert sie über den Verlauf: Im Prüfungsraum liegen sechs Kalenderblätter desselben Monats aus, die Wochentage, wie üblich, mit schwarzer, die Sonntage mit roter Tageszahl; Feiertage, die nicht auf Sonntage fallen, fehlen. Bevor die erste Versuchsperson, Vp. 1, den Raum betritt, wird eins der Blätter verdeckt. Vp. 1 wird dann gefragt, ob die Farbe des verdeckten Blattes aus dem Anblick der anderen Blätter zu erschließen sei. Die Antwort „ja" oder „nein" wird mit dem Zusatz „Nr. 1" an das verdeckte Blatt geschrieben. Wenn Vp. 2 eintritt, ist bereits ein zweites Blatt verdeckt (Vp. 1 hat den Raum verlassen) und die Frage lautet entsprechend, ob sich die Farbe dieses Blattes aus der Antwort des Vorgängers und den vier sichtbaren Blättern folgern lasse. Die Antwort von Vp. 2 wird wieder notiert. So geht es weiter. Die sechste Person sieht nur die fünf numerierten Antworten und das verdeckte letzte Blatt. Sie wird gefragt, ob die Farbe des Blattes aus den Antworten der Vorgänger zu erschließen sei. – Nach einer falschen Antwort eines der Teilnehmer wird das Verfahren abgebrochen. –

(1) Gesetzt, die sechste Versuchsperson finde lauter „nein" vor, kann sie der massierten Suggestion widerstehen?

(2) Auf vier „nein" folge ein „ja" und es werde dem letzten Kandidaten überdies mitgeteilt, daß sein Blatt den 18. des Monats anzeigt. Was sagt Vp. 6?

8 | Das Problem der 12 Münzen

Unter 12 Münzen befindet sich höchstens eine von falschem Gewicht. Durch drei Wägungen auf einer gleicharmigen Waage soll *ohne Gewichtsstücke* festgestellt werden, ob eine falsche Münze da ist; wenn „ja", welche es ist und ob sie zuviel oder zuwenig wiegt.

9 | Ein Problem mit 13 Münzen

Von 13 Münzen hat höchstens eine falsches Gewicht. Durch drei Wägungen *mit Gewichten* soll ermittelt werden,

(1) ob eine falsche Münze dabei ist, und falls dies bejaht wird,
(2) welche es ist,
(3) wieviel sie wiegt,
(4) das Normalgewicht.

10 | Nim

Gegeben sind mehrere Haufen von Spielmarken. Zwei Spieler ziehen abwechselnd. Jeder Zug besteht darin, einen beliebig gewählten Haufen zu verringern oder ganz wegzunehmen. Sieger ist, wer die Partie beendet. Dies Spiel heißt Nim.

Sind nur (noch) zwei Haufen vorhanden, dann ist der Weg zum Gewinn klar: wer beide Haufen immer wieder gleichmacht, sichert sich so den letzten

Zug. Bei zwei Haufen zu je *a* Marken, der sogenannten „Stellung" (*a*,*a*), verliert demnach der Anziehende, wenn sein Gegner Bescheid weiß.

Stellungen, in denen der *Anziehende verliert,* sollen „Verluststellungen" oder kurz „*V*" heißen, die anderen – sie bilden die Mehrheit – „Gewinnstellungen", kurz „*G*". (In der Literatur ist die Bezeichnung manchmal umgekehrt, weil derjenige *gewinnt,* der eine *V herstellt.*)

Das Kennzeichen der *V* im Nim hängt mit der dyadischen Schreibweise zusammen. Schreibt man die Zahlen einer Stellung dyadisch und wie zur Addition untereinander, so haben die *V* in jeder senkrechten Reihe eine gerade Anzahl von Einsen. Hiernach ist z. B. (1, 2, 4,) eine *G;* denn bei

$$\begin{array}{l} 1 \sim 001 \\ 2 \sim 010 \\ 4 \sim 100 \end{array}$$

findet man sogar in jeder Spalte eine ungerade Anzahl von Einsen. Der Gewinnzug besteht darin, die Eins in der linken Spalte der dritten Zeile zu beseitigen und gleichzeitig die beiden andern Spalten mit je einer Eins zu versehen, d. h. den Haufen 4 auf 3 zu verringern; (1, 2, 3) ist eine *V*.

Ein anderes Beispiel für eine *G* ist die Stellung (5, 6, 7):

$$\begin{array}{l} 5 \sim 101 \\ 6 \sim 110 \\ 7 \sim 111. \end{array}$$

Hier gibt es drei Gewinnzüge. Entweder wird die 5 auf 1, oder die 6 auf 2, oder die 7 auf 3 verringert; (1, 6, 7), (5, 2, 7) und (5, 6, 3) sind V nach dem obigen Kennzeichen.

Ist andererseits eine Stellung gegeben mit einer geraden Anzahl von Einsen in jeder Spalte, eine *V* also, dann ändert jeder Zug diesen Sachverhalt; denn bei jeder Verringerung einer dyadischen Zahl wird mindestens eine Eins durch eine Null ersetzt, und in deren Spalte steht nunmehr eine ungerade Anzahl von Einsen. Jeder Zug macht aus einer *V* eine *G*. Jede *G* kann durch mindestens einen Zug zu einer *V* gemacht werden. Die letzte *V*, die Stellung (0, 0, . . .), bringt ihrem Erzeuger den Sieg.

Wer es als Mangel empfindet, daß ein Nim mit nur zwei Haufen so durchsichtig ist, kann dem durch sozusagen hundertprozentige Verdünnung abhelfen. Man spiele mit Marken auf einer Treppe von drei oder vier Stufen und vereinbare als Zug die Verlegung von beliebig viel Marken einer Stufe auf die nächst tiefere, und von der ersten Stufe an den Fuß der Treppe. Dann ist nicht sofort zu sehen, daß man die Anzahlen auf der ersten und dritten Stufe gleichmachen muß, um den letzten Zug zu tun und damit zu gewinnen. Ist die Treppe höher, so übernehmen die Anzahlen auf den Stufen mit ungerader Nummer die Rolle der Haufen im Nim. Es werden dann zwar auch zwischendurch Haufen vermehrt, aber solche Vermehrungen lassen sich ja sofort rückgängig machen.

In engster Beziehung zu diesem „Treppenspiel" steht folgendes Spiel mit Marken auf einer Felderreihe. Jeder Zug besteht darin, eine der Marken dem Anfang der Reihe zu nähern, ohne dabei ein bereits besetztes Feld zu berühren oder zu überschreiten. Wieder ziehen zwei Gegner abwechselnd und der letzte Zug gewinnt.

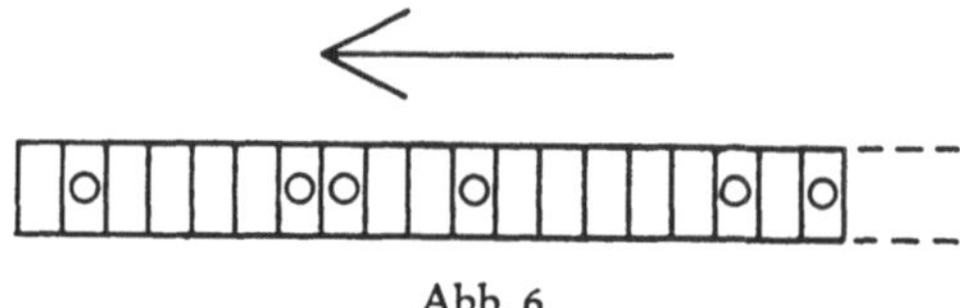

Abb. 6

(1) Welches sind in der abgebildeten Stellung die Gewinnzüge?

Das Spiel Nim, mit belanglosen Vermehrungsmöglichkeiten zwischendurch, hat allgemeine Bedeutung für die Spiele zwischen zwei abwechselnden Gegnern, die nach einer beschränkten Anzahl von Zügen mit dem Zuge des Siegers enden. Hierzu ein Beispiel! (Abb. 7)

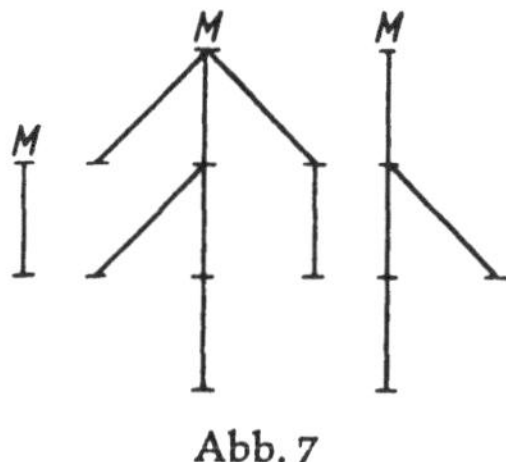

Abb. 7

Als Zug gelte die Bewegung einer der drei Marken *M* auf einem der Striche abwärts bis zum nächsten Punkt.

Wer nicht mehr ziehen kann, hat verloren.

(2) Wer siegt?

11 | Eine Eigenschaft der Zahl $\sqrt{2}$

Betrachtet man die Vielfachen von $\sqrt{2}=1{,}414\ \ldots$, nämlich $1\cdot\sqrt{2}$, $2\cdot\sqrt{2}$, $3\cdot\sqrt{2}$ usw., ohne Rücksicht auf Dezimalstellen, so erhält man die Zahlenfolge

$$1,\ 2,\ 4,\ 5,\ 7,\ 8,\ 9,\ 11,\ 12,\ 14,\ \ldots .$$

Die Zahlen

$$3, 6, 10, 13, \ldots$$

fehlen in dieser Folge. Zu Anfang jedenfalls ergibt sich, wie man sieht, die k-te Zahl der zweiten Folge, indem man die k-te Zahl der ersten Folge um $2\,k$ vermehrt:

$$3=1+\mathbf{1}\cdot 2,\; 6=2+\mathbf{2}\cdot 2,\; 10=4+\mathbf{3}\cdot 2,\; 13=5+\mathbf{4}\cdot 2.$$

Gilt diese Beziehung durchgängig?

12 | Ein sonderbarer Tunnel

Ist es möglich, einen Würfel so auszuhöhlen, daß ein größerer Würfel hindurchgeschoben werden kann?

13 | Auslosung zum Skatturnier

Im Skatklub spielen die 24 Herren $A, B, \ldots, Y$ ein Turnier. Die Turniertabelle sieht folgende Gruppierung nach Nummern vor:

1. Runde (1, 2, 3) (4, 5, 6) (7, 8, 9) usf. bis (22, 23, 24);
2. Runde (1, 10, 22) (2, 14, 20) (3, 9, 18) (4, 16, 23) (5, 11, 17) (6, 12, 21) (7, 13, 19) (8, 15, 24).

Nachdem die Nummern der Teilnehmer ausgelost sind, spielen — alphabetisch geordnet —

in der 1. Runde die Herren *AJR, BKS, CLT, DMU, ENV, FOW, GPX* und *HQY* miteinander,

in der 2. Runde *ANX, BHM, CDV, EGW, FKT, JQS, LPR* und *OUY*.

Welches Ergebnis hatte die Auslosung?

14 | Die wandernden Steine

Auf einer beliebig langen Felderreihe liegen getrennt n Steine. Zwei Personen ziehen abwechselnd jedesmal einen beliebigen Stein auf irgend ein freies, dem Anfang der Reihe näheres Feld. (Im Unterschied zu einer früher besprochenen Abart von Nim ist also „Überholen“ gestattet.) Zuletzt liegen die Steine auf den ersten n Feldern. Wer diese Stellung herbeiführt, ist Sieger.

Die Felder werden zweckmäßig mit 0, 1, 2, ... numeriert. Bei $n=1$ liegt kein Problem vor. Für $n=2$ sind die Verluststellungen („V") durch $(g, g+1)$ gegeben, wo g irgend eine gerade Feldnummer bedeutet; das ist leicht nachzuprüfen. Für $n=4$ ist jede V auch eine V im Nim; denn jede aus einer Gewinnstellung mit vier verschiedenen Zahlen im Nim erzeugte V hat gleichfalls vier verschiedene Zahlen (man ist ja höchstens dann genötigt, zwei Haufen gleichzumachen, wenn die beiden andern schon gleich sind). Daraus folgt für $n=3$, daß die V mit denen im Nim identisch sind, wenn man die Numerierung der Felder mit 1 statt mit 0 beginnt.

Ohne Beweis sei erwähnt: bei $n=5$ sind die V gleichfalls noch V im Nim, wenn man die Reihe auf höchstens 16 Felder beschränkt und mit 0, 15, 14, ..., 1 numeriert; die Platznummern werden also während der Partie mit einer Ausnahme, dem Zug nach 0, *vergrößert*.

Dies Spiel bedarf keiner mathematischen Kenntnisse, falls die Felder in geeigneter Weise markiert sind, z. B. durch Schraffur oder Färbung an den Ecken (Abb. 8).

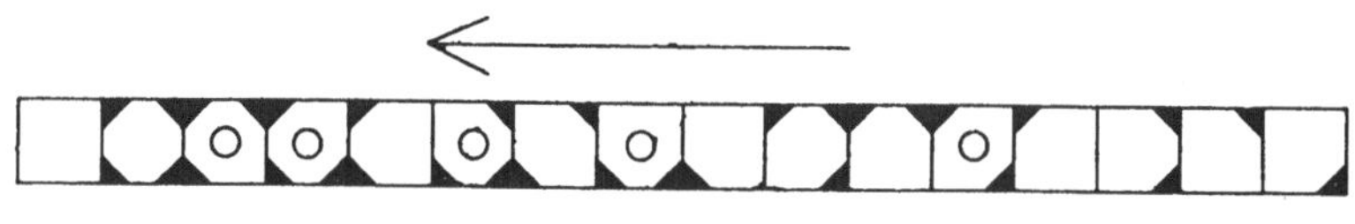

Abb. 8

Die Anweisung zum Gewinn lautet dann einfach: Ziehe so, daß die von den fünf Steinen besetzten Felder in ihrer rechten unteren Ecke zusammen 0 oder 2 oder 4 Schraffuren zeigen, ebenso in jeder ihrer anderen Ecken!

In Abb. 8 muß dazu der mittlere der fünf Steine auf das zweite Feld von links rücken. –

Bei jedem Spiel, das nach einer beschränkten Zahl von abwechselnden Zügen zweier Gegner beendet ist, kann man jeder Stellung eine nicht-negative ganze Zahl als „Rang" derart zuordnen, daß von einer Stellung des Ranges $r > 0$ jeder kleinere Rang, aber nicht der Rang r selbst in *einem* Zug erreichbar ist, außerdem möglicherweise auch höhere Ränge; bei $r=0$ nur solche, wenn es sich nicht um eine Endstellung am Schluß der Partie handelt. Dazu gibt man den Endstellungen den Rang 0, jeder Stellung, die nur auf Endstellungen führt, den Rang 1. Allgemein erhält jede Stellung als Rang die kleinste Zahl der Reihe 0, 1, 2, ..., die von ihr aus nicht als Rangzahl in *einem* Zuge erreichbar ist. In den Spielen, wo der zuletzt Ziehende gewinnt, sind die V durch den Rang 0 bestimmt.

Wie der Rang im Spiel der wandernden Steine zu berechnen ist, hat *C. P. Welter* erst vor wenigen Jahren entdeckt. Man braucht dazu eine besondere, aber sehr einfache Rechenoperation, für die hier das Zeichen „$\circ$" gewählt wird.

Vergleicht man in zwei dyadisch geschriebenen Zahlen a und b die entsprechenden Stellen miteinander und schreibt eine Null, wo sie übereinstimmen, sonst eine Eins, so entsteht eine neue dyadisch geschriebene Zahl; das sei $a \circ b$.

Offenbar ist $a \circ b = b \circ a$, $a \circ a = 0$, $0 \circ a = a$.

Beispiel: $7 \circ 9 = 14$, denn

$$\begin{array}{r} 7 \sim 0111 \\ 9 \sim 1001 \\ \hline 14 \sim 1110. \end{array}$$

Der Rang R einer Stellung $(s_1, s_2, \ldots, s_n)$, d. h. mit Steinen auf den Feldern der Nummern $s_1, s_2, \ldots, s_n$ wird nach zwei Regeln schrittweise berechnet.

$$\text{I.}\quad R(s_1, s_2, \ldots, s_n) = \begin{cases} R(x \circ s_1, x \circ s_2, \ldots, x \circ s_n) & \text{bei } \textit{geradem } n \\ x \circ R(x \circ s_1, x \circ s_2, \ldots, x \circ s_n) & \text{bei } \textit{ungeradem } n \end{cases}$$

$$\text{II.}\quad R(0, s_2, s_3, \ldots, s_n) = R(s_2 - 1, s_3 - 1, \ldots, s_n - 1).$$

Der Beweis der Regel I muß übergangen werden.

Regel II ist fast selbstverständlich: wenn schon ein Stein auf dem Feld 0 angelangt ist, wandern ja nur noch $n-1$ Steine auf einer Reihe, die ein Feld später beginnt.

Bei $n = 1$ ist $R(x) = x$.

Welchen Rang hat die Stellung (2, 3, 5, 7, 11)?

15 Eine Zerlegungsaufgabe

Die Figur zeigt zwei Exemplare desselben rechtwinkligen Dreiecks, das durch die Höhe im Verhältnis $a:b$ $(a<b)$ geteilt wird und als Flächeneinheit gilt.

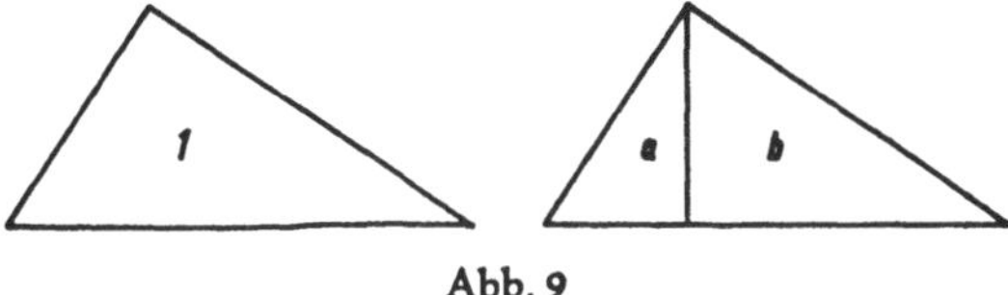

Abb. 9

Die drei Flächenstücke haben also die Größen 1, a, b.

Weitere Exemplare des Dreiecks sollen durch wiederholtes Einzeichnen von Höhen in Teildreiecke so zerlegt werden, daß die Flächenstücke 1, a, b, ... *aller* Exemplare sämtlich verschieden sind.

Wieviel Exemplare kommen heraus?

16 | Zwei Tafelrunden

Für n Personen, die um einen kreisförmigen Tisch sitzen, sollen zwei Tischordnungen so angegeben werden, daß je zwei Personen beidemal verschieden weit voneinander entfernt sitzen.

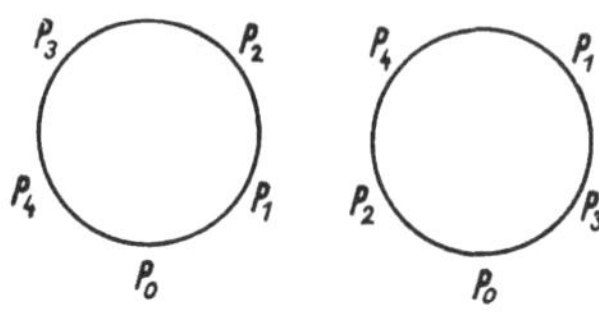

Abb. 10

Für $n = 5$, mit den Personen $P_0, P_1, \ldots, P_4$ wird die Aufgabe z. B. durch Abb. 10 gelöst.

Für $n < 5$ gibt es keine zwei solche Tafelrunden, aber auch nicht für $n = 6$. Für welche Werte von n existieren derartige Tischordnungen?

17 | Pakete von Streichholzschachteln

Drei Streichholzschachteln können auf drei verschiedene Arten zu einem Quader zusammengelegt werden, wenn sie sämtlich die gleiche Lage haben sollen.

Wieviel Paketformen gibt es bei n Streichholzschachteln?

18 | Ein Gewichtssatz von Laputa

In der von *Gulliver* beschriebenen, magnetisch über dem Lande schwebenden Stadt Laputa empfahlen die Mathematiker neue Gewichtssätze mit je einem Stück von 1, 2, 4, 8, ..., allgemein 2^n ($n = 0, 1, 2, \ldots, k$) Gramm, aus denen jede ganze Zahl von Grammen zusammengesetzt werden könne (sogar eindeutig; dyadisches Ziffernsystem).

Durch eine bei der Zerstreutheit der dortigen Gelehrten äußerst naheliegende Verwechslung wurden statt dessen Gewichtssätze mit je einem Stück von n^2 ($n = 0, 1, 2, \ldots, k$) Gramm in Auftrag gegeben, so daß sich in den Kästen auch eine zylindrische Vertiefung für 0^2 g befand, die natürlich leer blieb. Da nicht jede Anzahl aus lauter verschiedenen Quadratzahlen zusammengesetzt werden kann, z. B. 2, 3, 6 und noch andere nicht, waren diese Gewichtssätze unbrauchbar, weil ein Dekret des Königs Subtraktionen an der Waage generell verbot. Um die Produktion nicht ganz verloren geben zu müssen, untersuchten die Experten, ob durch ein Zusatzgewicht von x g an der leeren Stelle im Kasten, das beim Wägen im Bedarfsfall stets (mit Sondergenehmigung) auf die Warenseite gelegt werden sollte, zu erreichen sei, daß die Zahlen $2 + x$, $3 + x$, $6 + x$ usw. Summen von verschiedenen Quadratzahlen würden. Die Untersuchung ergab die Existenz solcher Zahlen x. Die kleinste wurde gewählt. — Welche ist es?

19 | Ein besonderes Münzsystem

In unserem Münzsystem von 1-, 2-, 5-, 10- und 50-Pf-Stücken bezahlt man 99 Pf mit mindestens acht Münzen. Gesucht wird ein Münzsystem, bei dem kein Betrag von 1 bis 100 Pf mehr als zwei Münzen erfordert und die Anzahl der Sorten so klein wie möglich ist.

20 | Bücherpreise

Ein unentschlossener Käufer will von acht Büchern, deren Preise auf volle DM-Beträge von mindestens 2 DM lauten, sechs auswählen. Jede solche Auswahl ergibt eine andere Summe. Zuletzt nimmt er doch alle acht Bücher. Wie hoch ist die Rechnung mindestens?

21 | „Abgekürzte" Division

Statt eine gewisse natürliche Zahl durch $d = 4$ zu dividieren, kann man ihre erste Ziffer vom linken ans rechte Ende der Zahl versetzen. Welches ist die kleinste Zahl mit dieser Eigenschaft? Dieselbe Frage soll für $d = 5$, 6, 19, 26, 91 beantwortet werden. Gibt es zu *jedem* $d = 2, 3, \ldots$ solche Zahlen?

22 Ein noch ungelöstes Problem

Um n annähernd gleichschwere Dinge nach dem Gewicht zu ordnen, werden jeweils zwei von ihnen auf einer Tafelwaage miteinander verglichen. Wieviel solche Wägungen sind nötig? Interessant ist schon der Fall $n = 5$.

23 Eine Laskersche Abart von Nim

Emanuel Lasker, der langjährige frühere Weltmeister im Schach, hat für folgende Variante des Spieles Nim einige Verluststellungen berechnet: „Der am Zuge Befindliche darf irgendeinen der Haufen in zwei Haufen zerteilen oder aber, nach seinem freien Ermessen, verkleinern." Wieder ist Sieger, wer den letzten Zug tut.

Stellungen von zwei gleichen Haufen sind *V* wie im Nim; der Nachziehende braucht nur jeden Zug seines Gegners zu kopieren, um als letzter zu ziehen und damit zu gewinnen. Dagegen ist die Stellung 1, 2, 3, die im Nim der Anziehende verliert, im neuen Spiel eine Gewinnstellung; der Anziehende teilt den Haufen 3 und macht nun seinerseits in der Stellung 1, 2, 1, 2 jeden Zug des Gegners nach.

Verluststellungen sind z. B.

1, 2, 4	2, 3, 6	3, 4, 8	4, 5, 6	5, 7, 13
1, 3, 5	2, 5, 8	3, 7, 11	4, 7, 12	5, 9, 11
1, 6, 8	2, 7, 10	3, 9, 13	4, 9, 10	5, 10, 16.

Lasker schreibt: „Das Gesetz der Verluststellungen habe ich nicht gefunden. Es scheint mir aber, daß es mit dem des „Nim" Verwandtschaft hat."

Diese Verwandtschaft erweist sich in der Tat als recht eng, denn es gilt folgender Satz: Eine Stellung dieses Spiels ist genau dann eine *V*, wenn sie durch Vermehrung der Zahlen $4k + 3$ um 1 und Verminderung der Zahlen $4k + 4$ um 1 ($k = 0, 1, 2, \ldots$) in eine *V* des Nim übergeht. Der Beweis steht im Lösungsteil.

24 „Ungerade" gewinnt

Auf dem Tisch liegen 41 Spielmarken. Zwei Spieler nehmen abwechselnd jedesmal höchstens 7 davon weg (mindestens eine). Zum Schluß gewinnt, wer eine ungerade Anzahl Marken hat. Wer siegt?

25 Eine diophantische Frage

Es gibt natürliche Zahlen N mit der Eigenschaft, daß $N^3 + 1$ Teiler der Form $a\,N - 1$ hat, wo auch a eine natürliche Zahl bedeutet. Z. B. ist für $N = 1, 2, 3, 5$

$$\begin{aligned}1^3 + 1 &= (2 \cdot 1 - 1)\ (3 \cdot 1 - 1)\\ 2^3 + 1 &= (2 \cdot 2 - 1)\ (2 \cdot 2 - 1)\\ &= (1 \cdot 2 - 1)\ (5 \cdot 2 - 1)\\ 3^3 + 1 &= (1 \cdot 3 - 1)\ (5 \cdot 3 - 1)\\ 5^3 + 1 &= (2 \cdot 5 - 1)\ (3 \cdot 5 - 1).\end{aligned}$$

Gibt es noch mehr solche N?

26 Lebenswichtige Zahlen?

Wilhelm Fließ hat in einem Buch behauptet, daß alle für das menschliche Leben wichtigen Zahlen (mathematisch gesprochen) die Form $23\,x + 28\,y$ haben, wo x und y ganze Zahlen sind. Da $23 \cdot 11 - 28 \cdot 9 = 1$ ist und *jede* natürliche Zahl als Summe von Einsen geschrieben werden kann, ist die Behauptung wahr – und belanglos. Auch wenn man negative Werte von x und y ausschließt, gibt es nur endlich viele Zahlen, die sich nicht als $23\,x + 28\,y$ darstellen lassen. Welches ist die größte?

27 Eine Eigenschaft der harmonischen Reihe

„Harmonisch" heißt die Reihe $1 + \frac{1}{2} + \frac{1}{3} + \ldots + \frac{1}{n} +$ usw. Jemand versucht, sich schrittweise durch Addition ihrer Glieder dem Wert dieser Summe anzunähern. Er scheitert, weil dieser Wert jede Zahl übersteigt.

Hierüber belehrt, beschließt er, seine Arbeit wenigstens so weit fortzusetzen, bis er für irgendein n (> 1) in $1 + \frac{1}{2} + \frac{1}{3} + \ldots + \frac{1}{n}$ auf eine *ganze* Zahl trifft.

Wann wird das sein?

28 Eine meteorologische Frage

Gibt es zu jedem Zeitpunkt auf der Erdkugel zwei Antipoden, die sowohl gleiche Temperatur als auch gleichen Luftdruck haben?

29 Forscher im Fernsehen

Von 17 Mitgliedern einer Historikervereinigung korrespondiert jedes mit jedem. Jeder Briefwechsel betrifft entweder das Altertum oder das Mittelalter oder die Neuzeit, stets nur eins der drei. Zu einer Fernsehsendung sollen drei Forscher gebeten werden, die untereinander dasselbe Gebiet behandeln. Der Sekretär der Vereinigung verspricht, ein solches Trio in seiner Kartei zu suchen, weiß aber weder, ob überhaupt eins existiert, noch wie es am schnellsten zu finden wäre. Sein erster Versuch scheitert jedenfalls, da der beliebig gewählte Herr *A* zwar mit den Herren *B* und *C* über das Altertum korrespondiert, diese beiden aber miteinander in Schriftwechsel über neuzeitliche Fragen stehen. – Wie ist ihm zu helfen?

30 Ein Silvesterscherz

Auf dem abgebildeten Plan ziehen zwei Gegner abwechselnd je eine Spielmarke von Schnittpunkt zu Schnittpunkt. Die Ausgangsstellung zeigt die Figur.

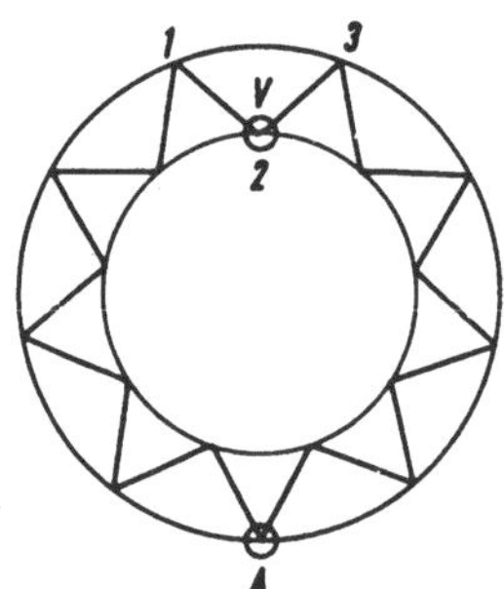

Abb. 11

Während der Angreifer *A* freie Wahl unter vier Zügen hat, ist der Verteidiger *V* auf die Punkte 1, 2, 3 der „Festung" beschränkt. Wer beginnt, wird durch das Los entschieden. *A* ist Sieger, wenn es ihm gelingt, *den* Punkt der Festung zu betreten, auf dem sich *V* dann gerade befindet; er verliert, wenn er einen freien Punkt der Festung besetzt oder überhaupt nicht (in angemessener Frist) eindringt. – Wer gewinnt?

Lösungen

Diese Aufgabe kann sachgerecht durch Abstimmen gelöst werden – ein in der Mathematik ungewöhnlicher Fall! Die Inhaber beraten gemeinsam, ob die Zentrale von einer beliebig gewählten Kreuzung A aus (Abb. 12) nördlich oder südlich gelegen sein soll. Im Beispiel ergeben sich für „nördlich" eine, für „südlich" zwei Stimmen. Darum wird die nächste südlich von A gelegene Kreuzung B in Aussicht genommen und wieder abgestimmt. Gegen weitere Verlegung nach Süden stimmen 2 Inhaber, es kommt also nur noch die westliche Richtung in Betracht. Für diese ergibt sich das Stimmenverhältnis 2:1, ebenso bei C. Erst bei Z ist die Mehrheit gegen jede weitere Verlagerung; Z ist der gesuchte Ort für die Zentrale. Die Nord-Süd-Straße durch Z ist also dadurch bestimmt, daß zu ihren beiden Seiten je höchstens 1 Kiosk liegt, dasselbe gilt für die West-Ost-Straße durch Z. Im allgemeinen Falle von $2k+1$ Kiosken liegen zu beiden Seiten einer Straße durch Z je höchstens k Kioske.

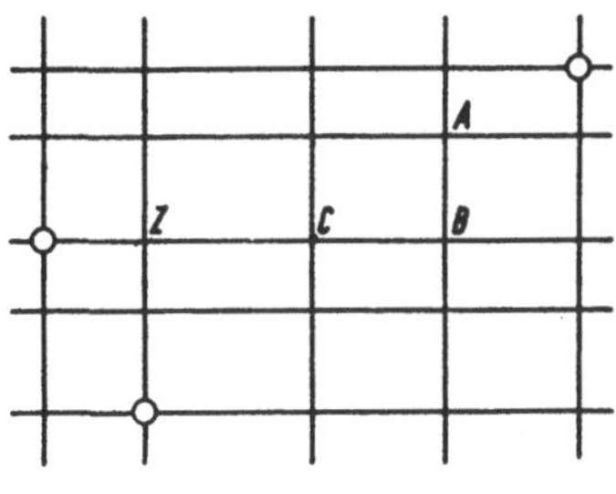

Abb. 12

Warum liefert dieser in wenigen Sekunden auffindbare Punkt Z tatsächlich die kleinste Wegesumme?

Weil bei jeder Verlegung von Z um eine Strecke a nach Westen oder Osten, und dann um eine Strecke b nach Süden oder Norden die Anzahl der Inhaber, deren Weg um a länger wird, größer ist als die Anzahl derjenigen, für die er um a verkürzt wird, und das Entsprechende für die Verschiebung um b gilt. Die Wegesumme wächst also mindestens um $a+b$.

Von gewissen Verlegungen einzelner Kioske ist der Ort von Z – vielleicht wider Erwarten – unabhängig.

Bei einer geraden Anzahl von Kiosken ist die Lage der Zentrale im allgemeinen nicht eindeutig bestimmt (wann doch?).

Nachträglich erkennt man, daß die Berücksichtigung von Straßenbreiten kaum eine Erschwerung bedeutet; dasselbe Verfahren bestimmt dann für Z eindeutig eine der vier Ecken der bereits ermittelten Kreuzung.

2

Für $n=1$ liegt kein Problem vor, für $n=2$ ist es unlösbar. Hier folgt ein Verfahren, das für alle anderen Werte zum Ziel führt. Das Ufer, an dem man beginnt, heiße A, das andere B. Zuerst werde n als ungerade angenommen.

I. Vom Ende des Kabels in A läßt man eine Ader frei und verbindet die übrigen paarweise leitend.

II. In B angelangt, stellt man fest, welche Paare bei A leitend verbunden sind und welche Ader frei geblieben ist. Die freie Ader wird als Nr. 1 gekennzeichnet und mit der einen Ader eines beliebigen ersten Paares leitend verbunden; diese erhält die Nr. 2. Die andere Ader des ersten Paares wird als Nr. 3 mit der einen Ader eines beliebigen zweiten Paares, Nr. 4, leitend verbunden. Die andere Ader des zweiten Paares, Nr. 5, wird mit der einen Ader, Nr. 6, eines beliebigen dritten Paares leitend verbunden. So geht es weiter, bis schließlich die andere Ader des letzten Paares frei bleibt; sie bekommt die Nummer n.

III. Nach A zurückgekehrt, ersetzt man die leitenden Verbindungen durch nichtleitende (z. B. gedankliche), um sich die Zusammengehörigkeit zu Paaren zu merken. Jetzt besteht von B her eine leitende Verbindung zwischen der in A freien Ader und genau einer anderen Ader. Dann ist die freie Ader Nr. 1, die andere Nr. 2. Weiter ist Nr. 3 der A-seitige Partner von Nr. 2, Nr. 4 der B-seitige Partner von Nr. 3 usf.

Ist n eine *gerade* Zahl über 2, so bleibt eine Ader auf *beiden* Seiten unverbunden, die anderen Adern werden behandelt, wie eben dargestellt, indem bei B mit einer der beiden freien Adern begonnen wird.

3

(1) Denkt man sich die Kisten wie Spielwürfel mit „Augen" versehen (Abb. 13), so ergibt die Summe der Augen oben, vorn und rechts je nach der Lage des Würfels eine gerade oder eine ungerade Zahl, z. B. in Abb. 13 (die Seite mit „A" habe *ein* Auge)

$1+2+3=6$ *gerade*, $2+6+3=11$ *ungerade*, $4+2+1=7$ *ungerade*.

Danach soll auch die Lage einer Kiste kurz „gerade" oder „ungerade" heißen. Die Art der Lage ändert sich bei jedem Kippen über eine Kante. Abb. 13 zeigt dies für den Fall, daß der erste Würfel nach hinten oder nach rechts gekippt wird. Allgemein folgt es daraus, daß bei jedem Kippen zwei

Abb. 13

der Augenzahlen erhalten bleiben, wenn auch in anderer Stellung, die dritte aber durch ihre Ergänzung zu 7 ersetzt wird, also ungerade wird, wenn sie gerade war, und umgekehrt; damit wird auch die Augensumme von „oben", „vorn" und „rechts" in dieser Eigenschaft geändert, d. h. der Würfel geht von einer „geraden" Lage in eine „ungerade" über und umgekehrt. Da in Abb. 2 alle Kisten eine „gerade" Lage haben, in Abb. 3 nur die zweite von links eine „ungerade", muß diese eine ungerade Anzahl von Malen gekippt worden sein, die andern eine gerade Anzahl von Malen.

Nun stelle man sich vor, daß alles auf einem Boden mit Schachbrettmuster geschieht und jede Kiste genau ein Feld bedeckt. Dann ändert sich jedesmal beim Umkippen die Farbe des bedeckten Feldes, jede Kiste steht also in allen „geraden" Lagen auf Feldern der einen Farbe, in allen „ungeraden" auf Feldern der andern Farbe. Die erste, dritte und fünfte Kiste von Abb. 3 mögen auf *schwarzen* Feldern stehen, dann war das auch in Abb. 2 so. Die zweite Kiste von Abb. 3, jetzt auf weißem Feld, muß wegen ihrer „ungeraden" Lage vorher in Abb. 2 gleichfalls ein *schwarzes* Feld eingenommen haben. Damit sind die vier Kisten auf gleichfarbigen Feldern von Abb. 2 wiedererkannt, nämlich die äußeren. Die zweite Kiste von rechts in Abb. 3, „gerade" Lage auf weißem Feld, stand auch in Abb. 2 auf weißem Feld, also in der Mitte.

(2) Nach der Lösung zu (1) muß eine der Kisten *A* oder *B* leer sein, weil sie in „gerader" Lage erst gleichfarbige, dann ungleichfarbige Felder bedecken; ebenso eine der Kisten *B* oder *C*, *B* oder *D*, *B* oder *E*.

Die leere Kiste ist also *B*.

(3) Aus demselben Grunde wie eben muß von folgenden Paaren je mindestens eine Kiste anders bewegt worden sein als nur durch Kippen: *A* oder *B*; *A* oder *C*; *A* oder *D*; *B* oder *E*; *C* oder *E*; *D* oder *E*.

Demnach sind *A* und *E* die Attrappen.

4

Die erste Frage ist zu bejahen, die zweite zu verneinen.

(1) Bezeichnet man jede gerade der vier gewählten Zahlen mit „*g*", jede ungerade mit „*u*", so ergeben sich daraus die Buchstaben aller folgenden Zeilen des Schemas, da die Differenz zweier geraden ebenso wie die zweier ungeraden Zahlen gerade ist, sonst aber ungerade. Man probiert leicht durch, daß spätestens nach viermaligem Bilden der Differenz vier gerade Zahlen entstehen. Dabei kann man Fälle wie *g g g u* und *u u u g*, wo jedes *g* durch ein *u* ersetzt ist, und umgekehrt, zusammenfassen, weil sie in den weiteren Zeilen übereinstimmen. Ferner braucht man von den Fällen *g g g u*, *g g u g*, *g u g g*, *u g g g* nur einen zu behandeln, denn sie gehen durch Reihumtausch der Buchstaben, also auch der Spalten ihrer Tabellen ineinander über. Darum genügt es, die Fälle *u u u u*, *g g g u*, *g g u u* und *g u g u* zu betrachten. Bei *u u u u* enthält schon die nächste Zeile vier gerade Zahlen und das bleibt durch das ganze Schema hin so. Auf *g g g u* folgen nacheinander die Zeilen *g g u u*, *g u g u*, *u u u u*, *g g g g*. Hiermit ist allgemein gezeigt, daß nach (höchstens) viermaliger Differenzbildung alle Zahlen gerade werden; die Fälle *g g u u* und *g u g u* kamen eben schon vor. Wenn aber eine Zeile des Schemas vier gerade Zahlen enthält, etwa die Zahlen $2a$, $2b$, $2c$, $2d$, d. h. die Zweifachen von a, b, c, d, so enthält auch jede weitere Zeile die Doppelten der entsprechenden Zeile des zu a, b, c, d gehörigen Schemas, weil $|2x-2y| = 2 \cdot |x-y|$ ist. Nun enthält (spätestens) die vierte auf a, b, c, d folgende Zeile lauter gerade Zahlen, also die vierte auf $2a$, $2b$, $2c$, $2d$ folgende lauter durch vier teilbare. Diese Schlußweise läßt sich beliebig oft wiederholen und begründet so die Tatsache, daß in jeder solchen Tabelle (spätestens) die fünfte Zeile vier durch 2^1 teilbare Zahlen, die neunte Zeile vier durch 2^2 teilbare Zahlen, die dreizehnte Zeile lauter durch 2^3 teilbare, allgemein die $(4n+1)$-te Zeile vier durch 2^n teilbare Zahlen enthält. Da man n so groß wählen kann, daß 2^n alle Zahlen des Schemas übertrifft, entsteht nur dann kein Widerspruch, wenn es sich um die Nullenreihe handelt.

(2) Es werde eine Folge von nicht-negativen ganzen Zahlen betrachtet, in der vom vierten Gliede an jedes Glied gleich der Summe seiner drei letzten Vorgänger und positiv ist. Sechs aufeinanderfolgende Glieder sind dann etwa

$$a_n,\ a_{n+1},\ a_{n+2},\ a_n + a_{n+1} + a_{n+2},\ a_n + 2a_{n+1} + 2a_{n+2}, 2a_n + 3a_{n+1} + 4a_{n+2}.$$

Das Spiel mit den *letzten* vier dieser Zahlen führt zu

$$a_{n+2} \qquad a_n + a_{n+1} + a_{n+2} \qquad a_n + 2a_{n+1} + 2a_{n+2} \qquad 2a_n + 3a_{n+1} + 4a_{n+2}$$

$$\begin{array}{cccc}
a_n + a_{n+1} & a_{n+1} + a_{n+2} & a_n + a_{n+1} + 2a_{n+2} & 2a_n + 3a_{n+1} + 3a_{n+2} \\
a_{n+2} - a_n & a_{n+2} + a_n & a_n + 2a_{n+1} + a_{n+2} & a_n + 2a_{n+1} + 3a_{n+2} \\
2a_n & 2a_{n+1} & 2a_{n+2} & 2(a_n + a_{n+1} + a_{n+2}),
\end{array}$$

also nach dreimaliger Differenzbildung zu den Doppelten der *ersten* vier Zahlen der obigen Reihe. Die angefangene Tabelle ist daher bis zur Nullenreihe um drei Zeilen länger als die Tabelle zu a_n, a_{n+1}, a_{n+2}, $a_n + a_{n+1} + a_{n+2}$. Jedesmal, wenn man die Gruppe der vier Zahlen in der genannten Zahlenfolge um zwei Glieder nach rechts rückt, braucht man drei Schritte mehr bis zur Nullenreihe.

Wählt man 0,0,1 als Anfangsglieder der Folge, so heißt sie

$$0,0,1,1,2,4,7,13,24,44,81,149,\ldots,$$

und da der Übergang von 0,0,1,1 zu 0,0,0,0 drei Schritte erfordert, sind es bei 1,1,2,4 sechs, bei 2,4,7,13 neun, usw. Eine Zahl N mit der besagten Eigenschaft gibt es also nicht. – Auf rationale Zahlen lassen sich diese Ergebnisse leicht verallgemeinern. Werden irrationale Zahlen zugelassen, so kommt man z. B. mit 0, $\sqrt{2}$, π, e schnell auf die Nullenreihe, aber nie mit $1,x,x^2,x^3$, wenn x der Gleichung $x^3 = x^2 + x + 1$ genügt ($x = 1{,}839\,..$); denn das ist ein Stück einer Folge mit dem erwähnten Bildungsgesetz, die auch nach links hin beliebig weit fortsetzbar ist, mit lauter positiven Gliedern.

5

Vier Schritte des Verfahrens, angewandt auf die dyadische Zahl 10110 ergeben die Zahl 10110100, ohne daß zwischendurch ein Palindrom auftritt. Diese Zahl werde als 101_2010_2 geschrieben, sie stellt so den Fall $n = 2$ der allgemeinen Form 101_n010_n dar.

Es soll gezeigt werden, daß vier weitere Schritte zur Zahl $101_{n+1}010_{n+1}$ führen und dabei abermals kein Palindrom vorkommt. Um leichter addieren zu können, schreibe man 101_n010_n in der Gestalt $101_{n-2}11010_{n-2}00$, was ja dasselbe bedeutet. Die beiden ersten Schritte ergeben nun

$$\begin{array}{rr}
 & 101_{n-2}11010_{n-2}00 \\
+ & 000_{n-2}10111_{n-2}01 \\
\hline
 & 110_{n-2}10001_{n-2}01 \\
+ & 101_{n-2}00010_{n-2}11 \\
\hline
 & 1011_{n-2}10100_{n-2}00,
\end{array}$$

oder, bequemer für die folgende Addition, $101_{n-2}110100_{n-2}00$. Der dritte und vierte Schritt liefern

$$\begin{array}{r} 101_{n-2}110100_{n-2}00 \\ +\ 000_{n-2}010111_{n-2}01 \\ \hline 110_{n-2}001011_{n-2}01 \\ +\ 101_{n-2}101000_{n-2}11 \\ \hline 1011_{n-2}110100_{n-2}00, \end{array}$$

also, wie behauptet, $101_{n+1}010_{n+1}$ und keine Summe ist ein Palindrom, weil dauernd die Formen $\underline{1}0 \ldots \underline{0}0$ und $\underline{1}1 \ldots \underline{0}1$ abwechseln.

6

Man denke sich jeden Wagen mit einer Tabelle versehen, die für jedes Manöver angibt, auf welchen der beiden Stränge er kommt. Um die endgültige Lage zweier Wagen W_1, W_2 zueinander zu ermitteln, vergleicht man ihre Tabellen, wie z. B. in folgenden drei Fällen:

I	W_1	W_2	II	W_1	W_2	III	W_1	W_2
	a	*a*		*b*	*a*		*b*	*a*
	b	*b*		*b*	*a*		*b*	*b*
	b	*b*		*a*	*b*		*a*	*a*

Im ersten Fall behalten W_1 und W_2 ihre ursprüngliche gegenseitige Lage, weil sie gleichartig behandelt werden. Im zweiten Fall wird schließlich W_2 irgendwo hinter W_1 stehen, weil im letzten Manöver W_2 nach *b*, W_1 nach *a* kommt; dies gilt unabhängig von allen früheren Manövern. Im dritten Fall ist aus den beiden letzten Manövern nichts zu entnehmen, denn die Tabellen stimmen dort überein. Dagegen ist im ersten Manöver W_2 vor W_1 gekommen, und daran ändert sich weiterhin nichts. Entscheidend ist also das späteste Manöver, in dem die beiden Tabellen differieren: der Wagen mit „*b*" steht dann nach dem Rangieren rechts von (hinter) dem andern; stimmen die Tabellen überein, so behalten die Wagen ihre relative Lage.

Eine überraschende Beziehung zum dyadischen Ziffernsystem ergibt sich jetzt, wenn man „*a*" durch „0", „*b*" durch „1" ersetzt und die Tabellen um 90° im Uhrzeigersinn dreht:

II			III		
	011	W_1		011	W_1
	100	W_2		010	W_2

In II erhält W_2 einen größeren Abstand von der Lokomotive, *weil* seine dyadische Zahl größer ist als die von W_1, in III einen kleineren, *weil* 010 weniger ist als 011.

Hiernach liefert folgender Weg die Mindestzahl von Manövern. Man gibt den Wagen des ersten Leseabschnitts die Zahl 0, den Wagen des zweiten die Zahl 1, usw. und schreibt jede Zahl dyadisch senkrecht unter den zugehörigen Buchstaben, indem man wieder „0" durch „*a*", „1" durch „*b*" ersetzt. So entstehen bei (1) die Tabellen

2	3	1	2	0
C	*E*	*B*	*D*	*A*
a	*b*	*b*	*a*	*a*
b	*b*	*a*	*b*	*a* ,

bei (2) der Rangierplan

2	6	7	1	3	4	3	5	2	6	4	5	4	0
F	*R*	*U*	*E*	*H*	*L*	*I*	*N*	*G*	*S*	*M*	*O*	*N*	*D*
a	*a*	*b*	*b*	*b*	*a*	*b*	*b*	*a*	*a*	*a*	*b*	*a*	*a*
b	*b*	*b*	*a*	*b*	*a*	*b*	*a*	*b*	*b*	*a*	*a*	*a*	*a*
a	*b*	*b*	*a*	*a*	*b*	*a*	*b*	*a*	*b*	*b*	*b*	*b*	*a*.

Hier kommt man also gerade noch mit drei Manövern aus, weil die Zahl 7 im dyadischen System dreistellig ist. (Gibt man beiden Wagen *N* die Zahl 5, so erhält zuletzt *U* die Zahl 8, und da 8 dyadisch vierstellig ist, braucht man vier Manöver.)

7

(1) Wenn Vp. 1 „nein" schreibt, hat sie höchstens 4 rote Blätter gesehen; denn bei 5 roten Blättern hätte sie „ja" sagen müssen, weil ein Monat höchstens 5 Sonntage hat und ihr eigenes Blatt also schwarz wäre.

Wenn Vp. 2 „nein" schreibt, hat sie höchstens 3 rote Blätter gesehen; denn bei 4 roten Blättern hätte sie „ja" sagen müssen, weil Vp. 1 auch nur diese 4 gesehen hat und das zweite Blatt also schwarz wäre.

Wenn Vp. 3 „nein" schreibt, hat sie höchstens 2 rote Blätter gesehen; denn bei 3 hätte sie „ja" sagen müssen, weil Vp. 2 auch nur diese 3 gesehen hat und das dritte Blatt also schwarz wäre. Entsprechend hat Vp. 4 höchstens ein rotes Blatt und Vp. 5 keins gesehen. Demnach ist das letzte Blatt schwarz und Vp. 6 kommt zur Antwort „ja".

(2) Wäre der 18. des Monats ein Sonntag, so hätte der Monat nur vier Sonntage und das wüßte jeder Teilnehmer außer Vp. 6. Nach Analogie der Lösung zu (1) hätte dann Vp. 1 höchstens 3, Vp. 2 höchstens 2 rote Blätter,

Vp. 3 höchstens ein, Vp. 4 kein rotes Blatt gesehen. Dies widerspricht der Annahme, daß der 18. ein Sonntag, das letzte Blatt also rot sei.

Darum ist das letzte Blatt schwarz, Vp. 6 kann die Frage wieder bejahen. (Wenn bestätigt wird, daß dieser 18. ein Mittwoch war, kann Vp. 6 aus der Antwort des Vorgängers weiter schließen, daß es sich um den 18. Februar eines Gemeinjahres handelt.)

8

Der Leser wird meinen, daß die Verteilung der Münzen auf die Waagschalen bei der zweiten und dritten Wägung vom Ergebnis der vorangegangenen abhängig sein müsse. Tatsächlich werden in der rekreativen mathematischen Literatur vorzugsweise solche „gegabelten" Lösungen angegeben. Dennoch ist diese Meinung irrig: man kann die Verteilung der Münzen für alle drei Wägungen im voraus eindeutig festlegen, und es ist erstaunlich, wie das ganze Verfahren auf diese Weise an Durchsichtigkeit gewinnt.

Wir beginnen mit der einfachsten Aufgabe dieser Art, nämlich mit 3 Münzen und 2 Wägungen (unter sonst gleichen Bedingungen). Hierfür hat jeder Leser sofort eine Lösung bereit, nämlich etwa die, bei der ersten Wägung die erste der irgendwie geordneten Münzen auf die linke, die zweite auf die rechte Waagschale zu legen, bei der zweiten Wägung die erste Münze abermals nach links und die dritte nach rechts, in Zeichen:

I 1|2 II 1|3.

Nun haben wir die einzelnen Fälle zu unterscheiden und wollen das Sinken der *l*inken Schale durch „*l*", das der *r*echten durch „*r*" abkürzen, und „*o*" schreiben, wenn die Wägung *o*hne Ausschlag erfolgt, weil Gleichgewicht herrscht. Dann bedeutet das Wägungsergebnis *ll*, daß beidemal die linke Schale sinkt, also Münze 1 zu schwer ist: 1^+.

Weiter erhält man folgende Tabelle:

ll	1^+	*or*	3^+	*oo*	alle normal.
lo	2^-	*ro*	2^+		
ol	3^-	*rr*	1^-		

Die Fälle *lr* und *rl* können nicht eintreten, wenn höchstens eine Münze falsches Gewicht hat.

Die Buchstaben *l*, *o*, *r* und ihre Kombinationen sollen jetzt auch als „Lagezeichen" der Münzen verwendet werden, indem sie angeben, ob die betreffende Münze *l*inks liegt, *r*echts liegt oder die Wägung *o*hne sie erfolgt. In den obigen Wägungen haben die Münzen 1, 2, 3 die Lagezeichen 1: *ll*,

2 : *ro*, 3 : *or*. Eine Verwechslung von Wägungsergebnissen mit Lagezeichen ist kaum zu befürchten, da man wissen wird, ob von der Bewegung einer Waagschale oder vom Ort einer Münze die Rede ist. Andererseits ist der Zusammenhang klar: *wenn* eine Münze beispielsweise das Lagezeichen *lo* hat und zu schwer ist, so wird sie das Wägungsergebnis *lo* zeitigen; falls sie jedoch zu leicht ist, das „entgegengesetzte" Wägungsergebnis *ro*. Und für den besprochenen Fall der 3 Münzen gilt entsprechend: *weil* das Wägungsergebnis etwa *lo* lautet und keine Münze dies Lagezeichen hat, muß die mit dem entgegengesetzten Lagezeichen *ro*, nämlich Münze Nr. 2, zu leicht sein.

Die möglichen Lagezeichen für zwei Wägungen sind, bis auf das letzte zu Paaren entgegengesetzter zusammengefaßt (davor die Münzennummern):

1	*ll*		*lo*	*lr*		*ol*	*oo*
	rr	2	*ro*	*rl*	3	*or*	

Die Auswahl der Lagezeichen muß offensichtlich zwei Bedingungen genügen:

1. Bei jeder Wägung liegen gleich viel Münzen links und rechts.
2. Von jedem Paar darf nur *ein* Lagezeichen verwendet werden; sonst bleibt unentschieden, ob die eine Münze zu schwer oder die andere zu leicht ist.

Die oben auf Anhieb getroffene Auswahl erfüllt beide Forderungen.

Aus *ll*, *ro*, *or* erhält man durch Anhängen eines der Buchstaben *l*, *o*, *r* sofort die neuen Lagezeichen

1	*lll*	4	*rol*	7	*orl*
2	*llo*	5	*roo*	8	*oro*
3	*llr*	6	*ror*	9	*orr*,

die für neun Münzen abermals beiden Bedingungen genügen. Dazu kommen von dem noch nicht benutzten Paar *lr*, *rl* und von *oo* her noch etwa die drei Lagezeichen 10 *lrl*, 11 *rlo* und 12 *oor*. Darnach sehen die drei Wägungen für 12 Münzen so aus:

	links	rechts
I	1 2 3 10	4 5 6 11
II	1 2 3 11	7 8 9 10
III	1 4 7 10	3 6 9 12

Die Auswertung eines Wägungsergebnisses wird nun einfach. Lautet es etwa *ooo*, so haben alle Münzen dasselbe Gewicht. Ergibt sich *rol*, so sucht man die Münze mit dem Lagezeichen *rol*, findet Nr. 4 und schließt, daß diese zu schwer ist. Ist das Resultat aber beispielsweise *olr* und keine Münze mit diesem Lagezeichen vorhanden, so ist die mit dem entgegengesetzten, nämlich *orl*, also Nr. 7 zu leicht.

Der Übergang zu dem analogen Problem mit 39 Münzen und 4 Wägungen, und weiter zu 120 Münzen und 5 Wägungen usf. ist nicht schwer.

Dieselbe Lösung ist anwendbar, wenn es sich um 13 Münzen handelt und man weiß, daß sich darunter *genau eine falsche* befindet. Das Wägungsergebnis *ooo* kennzeichnet dann Nr. 13 als falsch, der einzige Fall, wo man nicht erfährt, ob die falsche zu leicht oder zu schwer ist.

9

Die Lösung dieser schönen Aufgabe hat *C. A. B. Smith* nicht mitgeteilt, sondern freundlicherweise seinen Lesern überlassen. Sie gelingt, wenn man die 13 ersten Lagezeichen der alphabetischen Ordnung verwendet:

lll	7	*lol*	5	*lrl*	1	*oll*	6	*ool*	8
llo	10	*loo*	4	*lro*	12	*olo*	3		
llr	2	*lor*	13	*lrr*	11	*olr*	9		

Daneben stehen die Münzennummern; die hier gewählte Zuordnung dient einem später anzugebenden Zweck. Bei der Benutzung dieser Tabelle bieten die drei Wägungen folgendes Bild:

I	1, 2, 4, 5, 7, 10, 11, 12, 13	———
II	2, 3, 6, 7, 9, 10	1, 11, 12
III	1, 5, 6, 7, 8	2, 9, 11, 13.

Die auf der rechten Waagschale zum Gleichgewicht nötigen Gewichte seien a, b und c; sind links Gewichte erforderlich, so gelten sie als negativ. Ferner werde mit x das Normalgewicht, mit y das Gewicht der etwa vorhandenen falschen Münze bezeichnet.

Nun sind die einzelnen Fälle zu untersuchen.

Ist keine Münze falsch, und nur dann, gilt $a:b:c=9:3:1$.

Ist Nr. 1 falsch, so hat man die drei Gleichungen

$$
\begin{aligned}
8x+y&=a\\
4x-y&=b\\
y&=c;
\end{aligned}
$$

aus ihnen folgt $a-2b-3c=0$ und $x=\frac{b+c}{4}$, $y=c$.

Ist Nr. 2 falsch, so findet man

$$
\begin{aligned}
8x+y&=a\\
2x+y&=b\\
2x-y&=c
\end{aligned}
$$

und daraus $2a-5b-3c=0$, $x=\frac{b+c}{4}$, $y=\frac{b-c}{2}$. Usw.

Diese und die anderen Möglichkeiten sind weiter unten tabuliert. Bei der praktischen Vorführung hätte man der Reihe nach zu prüfen, welche der Beziehungen $a:b:c=9:3:1$, $a-2b-3c=0$, $2a-5b-3c=0$ usw. erfüllt ist, und daraus auf die Nummer der falschen Münze zu schließen. Dies wird durch die oben gewählte Zuordnung zwischen Lagezeichen und Münznummern insofern erspart, als bei ihr der Ausdruck

$$A=\left|\frac{4a-9(b+c)}{a-3b}\right|$$

in der Mehrzahl der Fälle unmittelbar die Nummer der falschen Münze liefert und die unbestimmte Form $\frac{0}{0}$ annimmt, wenn keine falsche Münze dabei ist.

Die Ausnahmen sind:

$A=\infty$ bei Nr. 8; $\quad (4a-9(b+c)\neq 0=a-3b)$
$A=0$ bei Nr. 9; $\quad (4a-9(b+c)=0\neq a-3b)$
$A=\frac{5}{2}$ bei Nr. 10;
$A=\frac{11}{2}$ bei Nr. 11;
$A=\frac{13}{4}$ bei Nr. 12;

man kann sie sich leicht merken und daher die Fragen (1) und (2) auch ohne Tabelle beantworten.

A	falsch ist Nr.	x	y	A	falsch ist Nr.	x	y
$\frac{0}{0}$	–	c	–	7	7	$\frac{b-c}{2}$	c
1	1	$\frac{b+c}{4}$	c	∞	8	$\frac{b}{3}$	c
2	2	$\frac{b+c}{4}$	$\frac{b-c}{2}$	0	9	$\frac{b+c}{4}$	$\frac{b-c}{2}$
3	3	c	$b-2c$	$\frac{5}{2}$	10	c	$b-2c$
4	4	c	$a-8c$	$\frac{11}{2}$	11	$\frac{b-c}{2}$	$b-2c$
5	5	$\frac{b}{3}$	c	$\frac{13}{4}$	12	c	$4c-b$
6	6	$\frac{b-c}{2}$	c	13	13	$\frac{b}{3}$	$\frac{2b-3c}{3}$

Beispiel: $a=80g$, $b=28g$, $c=10g$ seien die Wägungsergebnisse.

Man rechnet $\left|\frac{4a-9(b+c)}{a-3b}\right| = \left|\frac{4\cdot 80-9\cdot 38}{80-3\cdot 28}\right| = \left|\frac{-22}{-4}\right| = \frac{11}{2}$; also ist

Münze Nr. 11 falsch und wiegt $b-2c=8g$; jede andere wiegt $\frac{b-c}{2}=9g$.

10

(1) Die Anzahlen der leeren Felder zwischen den Steinen, von rechts her gezählt, entsprechen den Anzahlen von Marken auf der ersten, zweiten usw. Stufe. Das ergibt auf der ersten Stufe 1, auf der zweiten 5, auf der dritten 2, auf der vierten 0, auf der fünften 4 und auf der sechsten 1. Die Stufen mit ungerader Nummer bieten also die Stellung (1, 2, 4) dar. Um daraus eine *V* zu machen, nämlich (1, 2, 3), kann man den, von links gezählt, zweiten Stein ein Feld vorrücken. Eine andere Möglichkeit besteht darin, den fünften Stein um fünf Felder zu verschieben und so durch „Vermehrung" die *V* (6, 2, 4) zu erreichen.

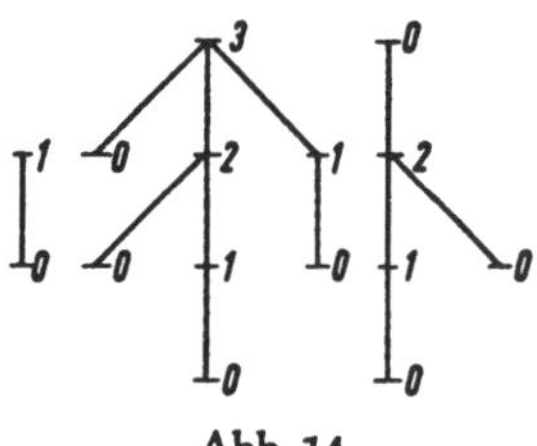

Abb. 14

(2) Die Punkte sind in folgender Weise mit den Zahlen 0, 1, 2, ... versehen. Zuerst bekommen alle Endpunkte eine Null und alle Punkte, die nur auf Endpunkte führen, eine Eins. Weiter erhält jeder Punkt die kleinste der Zahlen 0, 1, 2, ..., mit der er *nicht* nach unten verbunden ist. Das Spiel entspricht der Stellung (1, 3, 0) im Nim. Der Anziehende gewinnt, indem er entweder die Marke von 3 nach 1 rückt oder (Vermehrungszug) die von 0 nach 2. Im ersten Fall erreicht er die *V* (1, 1, 0), im zweiten die *V* (1, 3, 2) (vgl. Nr. 14).

11

Ja. — Die größte ganze Zahl, die eine gegebene Zahl x nicht übertrifft, bezeichnet man mit $[x]$. Es ist also $[3{,}5]=3$, $[7]=7$, $[-0{,}4]=-1$. Bedeutet g

eine ganze Zahl, x eine gebrochene positive, so gilt $[g+x]=g+[x]$ und, wie leicht nachzuprüfen,

$$[g-x]=g-[x]-1.$$

Die beiden Folgen lassen sich, falls obige Antwort zutrifft, auch so schreiben

$$[k\cdot\sqrt{2}]$$

und $2k+[k\cdot\sqrt{2}]=[2k+k\cdot\sqrt{2}]=[k(2+\sqrt{2})]$;

dabei durchläuft k die Zahlen 1, 2, 3, ...

Es soll umgekehrt gezeigt werden, daß die Folgen $[k\cdot\sqrt{2}]$ und $[k(2+\sqrt{2})]$ zusammen tatsächlich jede natürliche Zahl genau einmal enthalten. Dazu wähle man irgendeine natürliche Zahl n und berechne, wieviel Zahlen unterhalb n in jeder Folge vorkommen, d. h. wieviel Vielfache von $\sqrt{2}$ und wieviel Vielfache von $2+\sqrt{2}$ unterhalb n liegen. Die erste Anzahl ist

$$\left[\frac{n}{\sqrt{2}}\right]=\left[\frac{n}{2}\cdot\sqrt{2}\right],$$

die zweite

$$\left[\frac{n}{2+\sqrt{2}}\right]=\left[\frac{n\cdot(2-\sqrt{2})}{2}\right]=\left[n-\frac{n}{2}\cdot\sqrt{2}\right]=n-\left[\frac{n}{2}\sqrt{2}\right]-1.$$

Die Summe beider Anzahlen beträgt daher $n-1$.

Ist n beispielsweise gleich 10, so kommen von den Zahlen unterhalb 10 neun in beiden Folgen zusammen vor (etwa doppelt vorhandene auch doppelt gezählt); nimmt man nun $n=11$, so kommen von den Zahlen unterhalb 11 zehn in beiden Folgen zusammen vor. Dazugetreten ist nur die Zahl 10, also ist 10 in genau einer der beiden Folgen enthalten. Dasselbe gilt für jede natürliche Zahl.

12

Wer die Frage unbedenklich verneint, hat sich vielleicht, statt Würfel, Kugeln vorgestellt; für diese trifft die Antwort offenbar zu.

Die Abbildung zeigt einen Würfel, dessen Kantenlänge die Einheit sei.

Vier Ecken sind mit *Q, R, S, T* bezeichnet, vier andere Kantenpunkte mit *A, B, C, D.*

Hierbei ist $\overline{QA} = \overline{QD} = \frac{3}{4}$, $\overline{TB} = \overline{TC} = \frac{3}{4}$, also $\overline{AD} = \overline{BC} = \frac{3}{4} \cdot \sqrt{2}$.

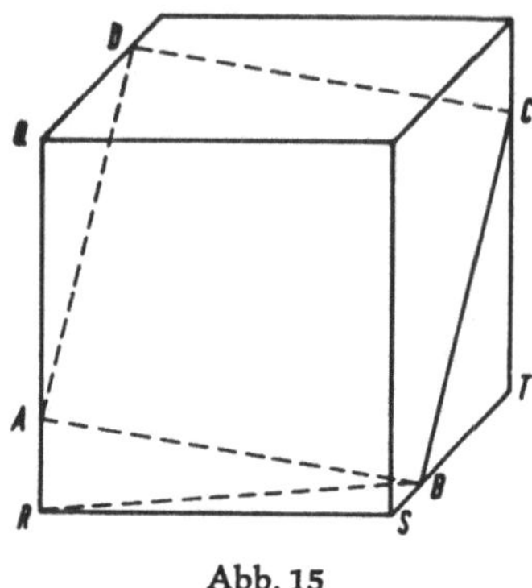

Abb. 15

ABCD ist ein Rechteck, denn die Diagonalen $\overline{AC}$ und $\overline{BD}$ sind aus Gründen der Würfelsymmetrie gleichlang und halbieren einander im Mittelpunkt des Würfels. Nach dem Satz des *Pythagoras* gilt weiter

$$\overline{AB}^2 = \overline{AR}^2 + \overline{BR}^2 \quad \text{und} \quad \overline{BR}^2 = \overline{RS}^2 + \overline{BS}^2,$$

also

$$\overline{AB}^2 = \overline{AR}^2 + \overline{RS}^2 + \overline{BS}^2 = \left(\frac{1}{4}\right)^2 + 1 + \left(\frac{1}{4}\right)^2 = \frac{18}{16} = \left(\frac{3}{4} \cdot \sqrt{2}\right)^2,$$

d. h.

$$\overline{AB} = \frac{3}{4} \cdot \sqrt{2}.$$

Damit ist *ABCD* als Quadrat erkannt.

Läßt man jeden der Punkte *A, B, C, D* um dasselbe kleine Stück nach der Mitte des Würfels rücken, so erhält man ein Quadrat, das ganz im Innern liegt, und es kann ein Tunnel angelegt werden, der dies Quadrat zum Querschnitt hat, ohne daß der Würfel zerfällt. $\frac{3}{4} \cdot \sqrt{2}$ ist gleich 1,06066 . . .; es ist daher möglich, einen Würfel so auszuhöhlen, daß ein Würfel mit (bis etwa 6 %) längerer Seitenkante hindurchgleitet.

13

Die Vorschrift der Tabelle kann durch ein quadratisches Schema wiedergegeben werden, dessen Zeilen die Gruppierung der ersten Runde, dessen Spalten die der zweiten Runde enthalten.

1	.	.	2	.	.	.	3
.	.	4	.	5	.	6	.
.	7	.	.	.	8	.	9
10	.	.	.	11	.	12	.
.	13	.	14	.	15	.	.
.	.	16	.	17	.	.	18
.	19	.	20	.	.	21	.
22	.	23	.	.	24	.	.

A	J	R	.	.	.	.	.
.	S	.	B	K	.	.	.
.	.	L	.	T	C	.	.
.	.	.	M	.	D	U	.
N	.	.	.	.	V	.	E
.	.	.	.	F	.	O	W
X	.	P	.	.	.	.	G
.	Q	.	H	.	.	Y	.

Das Schema daneben liefert in den Zeilen die Gruppierung der ersten Runde nach Buchstaben, in den Spalten die der zweiten. Beide Schemata behalten ihren Sinn, wenn sowohl die Zeilen irgendwie untereinander vertauscht werden, als auch die Spalten. Es handelt sich nun darum, Vertauschungen etwa im rechten Schema derart vorzunehmen, daß jeder Buchstabe an eine Stelle rückt, die im linken Schema von einer Zahl besetzt ist.

Betrachtet man in einem der beiden Schemata irgend zwei Zeilen (Spalten), so kann es sein, daß ihre sechs Zeichen in sechs *verschiedenen* Spalten (Zeilen) stehen. Auf welche Zeilen- bzw. Spaltenpaare dies zutrifft, soll jedesmal durch einen Graphen veranschaulicht werden, dessen Punkte 1, 2, . . ., 8 den Zeilen bzw. Spalten entsprechen und paarweise genau dann durch eine Strecke verbunden sind, wenn das zugehörige Reihenpaar die genannte Eigenschaft hat. So erhält man für das linke Schema den Graphen

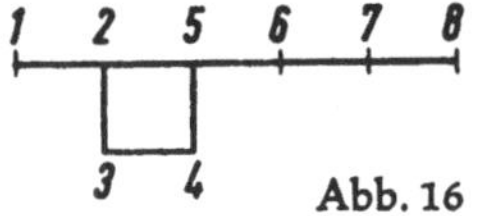

Abb. 16

und zwar bei den Zeilen wie bei den Spalten.

Für das rechte Schema ergibt sich bei den *Zeilen*

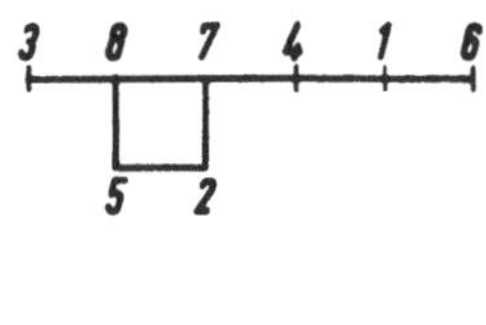

und bei den *Spalten*

5 1 4 8 2 6
7 3

Abb. 18

Abb. 17

Jetzt kann man z. B. für A die geloste Nummer bestimmen. A steht in der 1. *Zeile* des rechten Schemas. Punkt 1 in Abb. 17 entspricht Punkt 7 in Abb. 16; die Nummer von A steht also in der 7. Zeile des linken Schemas. Ferner steht A in der 1. *Spalte* des rechten Schemas. Punkt 1 in Abb. 18 entspricht Punkt 2 in Abb. 16; die Nummer von A steht also in der 2. Spalte des linken Schemas. Damit ist 19 als Nummer von A gefunden. Das Ergebnis der Auslosung war: A 19, B 11, C 3, D 18, E 8, F 22, G 15, H 5, J 21, K 10, L 2, M 17, N 7, O 23, P 14, Q 6, R 20, S 12, T 1, U 16, V 9, W 24, X 13, Y 4.

Das quadratische Zahlenschema ist auch zu folgendem „Experiment" verwendbar. Der Vorführende sammelt aus dem Publikum 24 verschieden beschriftete Zettel und schreibt sie sich auf. Dann läßt er die Zettel in acht Umschlägen zu je dreien seinem Mitarbeiter („Medium") überbringen. Dieser öffnet einen beliebigen Umschlag und notiert die Zettel auf einer Tafel unter Nr. 1 bis Nr. 3, die Zettel eines zweiten Umschlags unter Nr. 4 bis Nr. 6, usf. Dann kommen die Zettel wieder in acht Umschlägen mit je dreien zum Vorführenden zurück – mehr oder minder verhohlen gruppiert nach der Turniertabelle der zweiten Runde – und dieser vermag in kurzer Zeit die numerierte Liste zu reproduzieren.

14

$$
\begin{aligned}
R(2,3,5,7,11) &= 2 \circ R(2 \circ 2,\ 2 \circ 3,\ 2 \circ 5,\ 2 \circ 7,\ 2 \circ 11) && \text{nach I mit } x = 2 \\
&= 2 \circ R(0,1,7,5,9) && \\
&= 2 \circ R(0,6,4,8) && \text{nach II} \\
&= 2 \circ R(5,3,7) && \text{nach II} \\
&= 2 \circ 5 \circ R(5 \circ 5,\ 5 \circ 3,\ 5 \circ 7) && \text{nach I mit } x = 5 \\
&= 7 \circ R(0,6,2) && \\
&= 7 \circ R(5,1) && \text{nach II} \\
&= 7 \circ R(5 \circ 5,\ 5 \circ 1) && \text{nach I mit } x = 5 \\
&= 7 \circ R(0,4) && \\
&= 7 \circ R(3) = 7 \circ 3 = 4 && \text{nach II}
\end{aligned}
$$

Die Stellung (2, 3, 5, 7, 11) ist also wegen ihres positiven Ranges eine Gewinnstellung. Auf der Suche nach dem Gewinnzug löst man etwa erst $R\,(2, 3, 5, 7, x) = 0$ und findet $x = 15$, dann $R\,(2, 3, 5, x, 11) = 0$ mit $x = 19$; beide Lösungen sind unbrauchbar, weil man weder von 11 nach 15, noch von 7 nach 19 ziehen darf. Endlich ergibt sich aus $R\,(2, 3, x, 7, 11) = 0$ die Lösung $x = 1$ und damit als (einziger) Gewinnzug das Vorrücken des Steines von Feld 5 nach Feld 1. (Dieser Zug wurde schon bei dem beschränkten Spiel von Abb. 8 auf einfachere Art gefunden.)

15

Nur noch eins, z. B. Abb. 19.

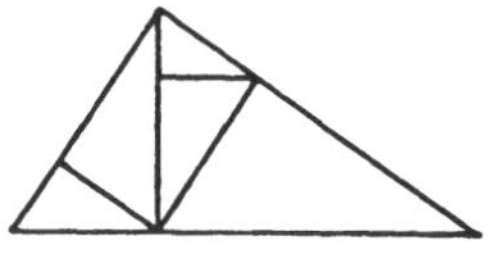

Abb. 19

Die Größen aller möglichen Stücke werden durch Zahlen der Folge

$$\underline{1},\ \underline{a},\ \underline{b},\ \underline{a^2},\ \underline{ab},\ \underline{b^2},\ a^3,\ \underline{a^2b},\ \underline{ab^2},\ b^3,\ a^4,\ a^3b, \ldots$$

dargestellt, die bei geeigneter Wahl von a sämtlich verschieden ausfallen; die in den Figuren 9 und 19 vorkommenden Stücke sind unterstrichen.

Die Summe der Größen der Teilstücke von vier großen Dreiecken müßte 4 betragen, und zwar *unabhängig von a und b, solange nur $a + b = 1$ gilt.* So erhält ja auch die Summe der bisherigen Teile

$$1 + a + b + a^2 + ab + b^2 + a^2b + ab^2$$

durch Einsetzen von $b = 1 - a$ den Wert 3, und a kommt nicht mehr vor. Die Summe *aller* Glieder der obigen Folge ist das Produkt zweier unendlichen geometrischen Reihen:

$$(1 + a + a^2 + \ldots)\ (1 + b + b^2 + \ldots) = \frac{1}{1-a} \cdot \frac{1}{1-b}.$$

Für $a = \frac{1}{2} - d \left(d < \frac{1}{2}\right)$ bekommt diese Summe den Wert

$$\frac{1}{\frac{1}{2} + d} \cdot \frac{1}{\frac{1}{2} - d} = \frac{4}{1 - 4d^2}$$

und das ist mehr als 4, wenn $d > 0$ ist; man könnte also für die 4 Exemplare *nicht alle* Glieder der Folge benutzen. Und für $a = \frac{1}{2}$ müßte die Summe der Teilstücke der vier Exemplare, da sie von a unabhängig ist, gleichfalls den Wert 4 annehmen. Aber dieser Wert ergibt sich für $a = \frac{1}{2}$ nur als Summe *aller* Glieder der Folge. Die Voraussetzung der Existenz eines vierten in lauter neue verschiedene Stücke zerlegten großen Dreiecks führt also zu einem Widerspruch.

16

Die Stühle seien fest ebenso numeriert wie die Personen, die beim erstenmal auf ihnen Platz nehmen, etwa im Gegensinn des Uhrzeigers von 0 bis $n-1$. Die Anzahl der Plätze um welche die Person P_k für die zweite Sitzordnung nach rechts rückt, heiße r_k und sei auch wieder eine der Zahlen von 0 bis $n-1$. In der angegebenen Lösung für $n=5$ ist P_3 um 3 Plätze nach rechts gerückt, sitzt also in der zweiten Tafelrunde auf Platz 1, weil $3+3=6$ bei der Division durch 5 den Rest 1 ergibt, in Zeichen: $6\equiv 1$ (mod. 5), in Worten: 6 kongruent (= restgleich) 1 modulo (= für den Divisor) 5. — Die Menge der k ist definitionsgemäß die Menge der Zahlen von 0 bis $n-1$.

Die Menge der r_k muß dieselbe Menge sein; denn wären zwei der r_k einander gleich, etwa $r_x=r_y$, so behielten P_x und P_y ihren Abstand bei. (Die Zusatzforderung, daß *jede* Person ihren Platz wechseln solle, ist also unerfüllbar, weil eins der r_k den Wert Null haben muß.)

Ebenso bilden die Reste von $k+r_k$ dieselbe Menge; sie sind ja die Platznummern der zweiten Tischordnung. Endlich besteht auch die Menge der Reste von $2k+r_k$ (bei der Division durch n) aus den Zahlen von 0 bis $n-1$; denn wäre $2x+r_x\equiv 2y+r_y$ (mod. n), so folgt

$$x-y\equiv(y+r_y)-(x+r_x) \pmod{n}$$

und P_x und P_y hätten in beiden Tafelrunden den gleichen Abstand, nur in entgegengesetzter Richtung.

Aus diesen Bemerkungen ergibt sich bei der Summierung von $k=0$ bis $k=n-1$

$$1.\quad \Sigma k \equiv \Sigma r_k \equiv \Sigma(k+r_k) \equiv \Sigma(2k+r_k) \quad (\text{mod. } n)$$

$$2.\quad \Sigma k^2 \equiv \Sigma r_k^2 \equiv \Sigma(k+r_k)^2 \equiv \Sigma(2k+r_k)^2 \quad (\text{mod. } n)\,.$$

Da nach 1.

$$\Sigma k \equiv \Sigma(k+r_k) \equiv \Sigma k + \Sigma r_k \equiv 2\Sigma k$$

ist, folgt

$$\Sigma k \equiv 2\Sigma k$$

oder

$$0 \equiv \Sigma k,$$

d. h. Σk ist ein Vielfaches von n. Aber die Summe der Zahlen von 0 bis $n-1$ beträgt $\dfrac{n\cdot(n-1)}{2}$ und ist genau dann ein Vielfaches von n, nämlich $n\cdot\dfrac{n-1}{2}$, wenn $\dfrac{n-1}{2}$ eine ganze Zahl, also n *ungerade* ist.

Aus 2. folgt

$$\Sigma r_k^2 \equiv \Sigma (k^2 + 2 k r_k + r_k^2) \equiv \Sigma (4 k^2 + 4 k r_k + r_k^2),$$

daher

$$0 \equiv \Sigma k^2 + 2 \cdot \Sigma k r_k \equiv 4 \cdot \Sigma k^2 + 4 \Sigma k r_k$$

und auch

$$0 \equiv 2 \Sigma k^2 + 4 \cdot \Sigma k r_k .$$

Die beiden letzten rechten Seiten liefern durch „Gleichsetzen"

$$2 \Sigma k^2 \equiv 0 \qquad (\text{mod. } n)$$

daher muß $2 \Sigma k^2 = \dfrac{n(n-1)(2n-1)}{3}$ ein Vielfaches von n, nämlich $n \cdot \dfrac{(n-1)(2n-1)}{3}$ sein. Der Ausdruck $\dfrac{(n-1)(2n-1)}{3}$ ist aber genau dann eine ganze Zahl, wenn n *nicht durch 3 teilbar* ist.

Hat andererseits die Zahl n die Eigenschaft, weder durch 2 noch durch 3 teilbar zu sein, so führt der Ansatz $r_k = k$ zum Ziel: man läßt also jede Person um soviel Plätze nach rechts rücken, wie ihre Nummer angibt.

Die k sind die Zahlen $0, 1, 2, \ldots, n-1,$
die $k + r_k = 2k$ dann $2 \cdot 0, 2 \cdot 1, 2 \cdot 2, \ldots, 2 \cdot (n-1),$
und die $2k + r_k = 3k$ $3 \cdot 0, 3 \cdot 1, 3 \cdot 2, \ldots, 3 \cdot (n-1).$

Gäben $2x$ und $2y$ denselben Rest bei der Division durch n, so müßte $2x - 2y = 2 \cdot (x - y)$, also, da n ungerade ist, $x - y$ durch n teilbar sein; das geht nicht, wenn x und y zwei verschiedene Zahlen aus der Reihe $0, 1, 2, \ldots, n-1$ sind. Entsprechend schließt man, daß auch die Menge der Reste von $3 \cdot 0$, $3 \cdot 1, \ldots, 3(n-1)$ mit der Menge der Zahlen $0, 1, 2, \ldots, n-1$ identisch ist, wenn n nicht durch 3 aufgeht.

Das Tafelrundenproblem ist dann und nur dann für n (>1) Personen lösbar, wenn die Zahl n weder durch 2 noch durch 3 teilbar ist.

17

Bezeichnet l die Anzahl der Schachteln, die der Länge nach aneinandergereiht etwa die vordere untere Kante des Quaders bilden, b die Anzahl derer, die der Breite nach aneinandergereiht die linke untere Seitenkante bilden, und entsprechend h die Anzahl der Schichten, so muß $l \cdot b \cdot h = n$ sein. Im Fall $n = 3$ gibt die Tabelle die erwähnten drei Möglichkeiten.

l	b	h
3	1	1
1	3	1
1	1	3

Ist n eine Primzahl p, so hat die Tabelle nur die drei Zeilen $p, 1, 1; 1, p, 1; 1, 1, p$.

Allgemein lautet die Frage: Auf wieviel Arten kann man n in drei Faktoren zerlegen, wenn deren Reihenfolge dabei zu beachten ist?

Nun sei $n = p^a$. Dann läßt sich die Frage auch so ausdrücken: Auf wieviel Arten kann man a Dinge (die a Faktoren p) auf drei Fächer (die Rubriken l, b, h) verteilen, wenn die Dinge als ununterscheidbar, die Fächer aber als verschieden gelten und auch leer sein dürfen (in der Rubrik steht dann eine Eins)? Führt man die Trennwand zwischen dem ersten und zweiten Fach, sowie die Trennwand zwischen dem zweiten und dritten als neue Dinge ein, so handelt es sich um die einfache Frage, auf wieviel Arten man von $a + 2$ Dingen zwei (nämlich als Trennwände) auswählen kann. Man sieht dies sofort ein, wenn man sich die $a + 2$ Dinge nebeneinander aufgereiht denkt. Die Antwort lautet: auf $\frac{(a+2)(a+1)}{2}$ Arten.

Hat n, in Primfaktoren zerlegt, die Form

$$n = p^a q^b r^c \ldots,$$

so ist die Verteilung der b Dinge „q" unabhängig von der Verteilung der a Dinge „p"; dasselbe gilt von den weiteren Primzahlpotenzen. Damit ergibt sich als gesuchte Anzahl das Produkt

$$\frac{(a+2)(a+1)}{2} \cdot \frac{(b+2)(b+1)}{2} \cdot \frac{(c+2)(c+1)}{2} \cdots.$$

18

Jede Zahl über 128 ist als Summe von lauter verschiedenen Quadratzahlen darstellbar. Man zeigt dies, indem man zuerst die Zahlen von 129 bis 249 als solche Summen aufschreibt*) und dabei als Summanden nur 1, 4, 9, 16, 25, 36, 49, 64, 81 und 100 benutzt; z. B. $129 = 100 + 25 + 4, \ldots, 249 = 100 + 81 + 64 + 4$. Das ist eine Serie von 121 aufeinanderfolgenden Zahlen. Addiert man zu jeder die Zahl $11^2 = 121$, so hat man nunmehr die Zahlen von 129 bis 370 als Summen von lauter verschiedenen Quadratzahlen dargestellt und als Summanden höchstens die Zahl 121 benutzt.

*) Man braucht nur die Zahlen von 129 bis 192 so zu zerlegen, weil wegen $1+4+9+\ldots+100=385$ aus einer Darstellung von n unmittelbar eine solche für $385-n$ erhalten wird, z. B. aus $136=100+36$ sofort $249=81+64+49+25+16+9+4+1$.

Diese Serie besteht aus 242 Zahlen, das sind mehr als $12^2 = 144$. Durch Addition von 144 zu den 144 letzten Zahlen der Serie wird eine neue längere Serie gewonnen, die mit 144 als höchstem Summanden auskommt. Dies Verfahren läßt sich unbegrenzt wiederholen, weil schon von $n = 3$ an $2n^2$ größer ist als $(n + 1)^2$.

Dem Gewichtssatz von Laputa entzogen sich also nur endlich viel Zahlen, nämlich

2, 3, 6, 7, 8, 11, 12, 15, 18, 19, 22, 23, 24, 27, 28, 31, 32, 33, 43, 44, 47, 48, 60, 67, 72, 76, 92, 96, 108, 112, 128.

Als Differenzen zwischen ihnen kommen die Zahlen von 1 bis 46 vor, 47 dagegen nicht. Anders ausgedrückt: wenn nicht die Zahl a, so ist doch die Zahl $a + 47$ als Summe von lauter verschiedenen Quadratzahlen darstellbar und 47 ist die kleinste Zahl mit dieser Eigenschaft. Das gesuchte Gewichtsstück wog 47 g.

19

Die nächstliegende Idee ist wohl, gemäß dem dekadischen System die Werte von

1, 2, 3, 4, 5, 6, 7, 8, 9, 10, 20, 30, 40, 50, 60, 70, 80, 90 Pfennig

zu wählen; das sind 18 Sorten.

Dies Ergebnis läßt sich verbessern, wenn als höchste Münze das 50-Pfennig-Stück genommen und dafür gesorgt wird, daß mit der Sorte a stets auch die Sorte $50-a$ vorkommt. Denn dann folgt bei $x<50$ aus $x=a+b$ $(b \geqq 0)$ auch für $100-x=(50-a)+(50-b)$ die Darstellbarkeit durch zwei Münzen. Nach diesem Verfahren genügen schon 17 Sorten, z. B.

1, 2, 3, 4, 9, 14, 19, 24, 26, 31, 36, 41, 46, 47, 48, 49, 50,

und sogar nur 16 bei dem weniger regelmäßigen System

1, 3, 4, 9, 11, 16, 20, 25, 30, 34, 39, 41, 46, 47, 49, 50.

20

Jeder Auswahl von sechs aus acht Dingen entspricht eindeutig das Paar der nicht gewählten, und umgekehrt. Daher sind auch die Kosten für je zwei Bücher allemal verschieden. Die drei niedrigsten möglichen Preise sind 2, 3 und 4 DM. Der nächsthöhere Preis beträgt mindestens 6 DM, wegen

5+2=3+4. Sucht man jedesmal den kleinsten nächsthöheren Preis, so ergibt sich die Folge 2, 3, 4, 6, 9, 14, 22, 31 mit der Summe 91. Aber dies Verfahren liefert nicht notwendig auch die kleinste Summe. Gegenbeispiel **):

2, 3, 4, 6, 10, 15, 20, 30 mit der Summe 90.

21

Nehmen wir an, die gesuchte Zahl beginne mit der Ziffer 1, und dividieren!

1:4 liefert den Rest 1, den Quotienten **0**, also 10;
10:4 liefert den Rest 2, den Quotienten **2**, also 22;
22:4 liefert den Rest 2, den Quotienten **5**, also 25;
25:4 liefert den Rest 1, den Quotienten **6**, also 16;
16:4 liefert den Rest 0, den Quotienten **4**, also 4;
4:4 liefert den Rest 0, den Quotienten **1**.

Ergebnis: **102564**:4=025641. Dies ist die kleinste solche Zahl, weil man mit anderen Anfangsziffern gleichfalls erst nach sechs Schritten zur Anfangsziffer als Quotienten mit dem Rest 0 kommt.

Allgemein sind bei der Division durch d die Reste von 0 bis $d-1$ und die Quotienten von 0 bis 9 möglich, das sind $10 \cdot d$ Fälle. Von diesen scheiden zwei aus, nämlich erstens Rest 0, Quotient 0 und zweitens Rest $d-1$, Quotient 9, weil sie bei der Rechnung nach rechts und auch rückwärts nach links hin periodisch wären. Jedes Zwischenergebnis bestimmt nachfolgende und vorangehende Ziffern; darum ist keine sogenannte Vorperiode möglich. Die gesuchte Zahl hat also höchstens $10 \cdot d-2$ Stellen. Dies Maximum wird bei $d=6$ erreicht (auch bei $d=2$ und $d=3$); die Lösung beginnt mit 10169491 ... und hat 58 Stellen. Die anderen Zahlen sind:

bei $d = 5$ nicht 102040816 ... mit 42 Stellen, sondern 714285;
bei $d = 19$ nicht 100529, sondern 703;
bei $d = 26$ nicht 100386, sondern 702;
bei $d = 91$ 1001. — Es gibt zu jedem d solche Zahlen.

22

Das Ordnen nach dem Gewicht erfordert (maximal)

für 2 Dinge eine Wägung,
für 3 Dinge 3 Wägungen,
für 4 Dinge 5 Wägungen,

**) Nach einer Mitteilung des Schülers *Gerhard Simon* (1958) und von Dr. *Fritz Dueball* (1962). Vielleicht ist 88 das Minimum.

indem man erst 3 Dinge ordnet, das 4. mit dem mittleren der drei vergleicht und zuletzt mit dem leichtesten oder schwersten.

Ein 5. Ding in eine bereits bekannte Reihe von vier einzuordnen, kostet, wenn man kein Glück hat, weitere drei Wägungen, so daß für 5 Dinge im ganzen 8 Wägungen nötig scheinen. Aber man kann auch anders vorgehen und in jedem Fall mit 7 Wägungen auskommen.

Die Dinge und zugleich ihre Gewichte mögen mit a, b, c, d, e bezeichnet werden, und zwar so, daß die ersten beiden Wägungen in beliebiger Reihenfolge $a<b$ und $c<d$ liefern, die dritte $b<d$ und damit $a<b<d$. Mit der vierten und fünften Wägung wird e eingeordnet, mit der sechsten und siebenten c; denn c ist höchstens in drei Dinge, nämlich a, b und e, einzuordnen, weil $c<d$ schon bekannt ist.

Bedeutet W_n die bei n Dingen nötige Anzahl von Wägungen, so gibt es 2^{W_n} mögliche Vergleichsresultate und $n!$ mögliche Anordnungen. Darum ist notwendigerweise $2^{W_n} \geqq n!$, für $n = 5$ z. B. $2^7 = 128 \geqq 120 = 5!$ Ob aber W_n stets die kleinste Zahl mit dieser Eigenschaft ist, weiß man noch nicht. Es wird vermutet, daß 12 Dinge nicht weniger als 30 Wägungen erfordern, während schon $2^{29} > 12!$ ist.

23

Zum Beweis ordnen wir jedem Einzelhaufen des *Lasker*schen Spiels eine nicht-negative ganze Zahl als Rang zu (wie in Nr. 10), der „leeren" Stellung den Rang 0.

1 hat als einzigen Nachfolger die Endstellung 0 mit dem Range 0. Daher erhält 1 den Rang 1.

2 besitzt drei Nachfolger, erstens 1, zweitens 0, drittens (Teilung) 1,1. Die Ränge von 1 und 0 sind gleichfalls 1 bzw. 0. 1,1 hat den Rang 0, weil ihr einziger Nachfolger vom Rang 1 ist. Die Nachfolger von 2 gehören also zu den Rängen 1 und 0. Darum bekommt 2 den Rang 2.

3 hat vier Nachfolger: 2; 1; 0; 1, 2 (Teilung). Ihre Ränge sind 2; 1; 0; und 3, da zur Stellung 1,2 die Ränge 1,2 gehören und der Rang von 1,2 im Nim den Wert 3 hat. Unter den Nachfolgern von 3 sind demnach die Ränge 2, 1,0 und 3 vertreten: also bekommt 3 den Rang 4.

4 läßt sich in einem Zuge durch Verminderung zu 3, 2, 1 und 0 machen, deren Ränge 4, 2, 1, 0 sind; durch Zerteilung zu 1,3 und 2,2, mit den Rängen 1,4 und 2,2. 1,4 hat im Nim den Rang 5, 2,2 den Rang 0. Da also von 4 aus Stellungen der Ränge 0, 1, 2, 4, 5 in einem Zuge erreichbar sind, erhält 4 den Rang 3.

Die Fortführung dieser Analyse läßt folgendes Gesetz vermuten:

Haufen	Rang	
$4n+1$	$4n+1$	
$4n+2$	$4n+2$	$(n\geqq 0)$
$4n+3$	$4n+4$	
$4n+4$	$4n+3$.	

Zum Beweis ist zweierlei zu zeigen:

1. Jeder Zug ändert den Rang einer Stellung.
2. Hat eine Stellung positiven Rang, so ist jeder niedrigere Rang in einem Zug erreichbar.

Zu 1. a) Daß jede Verminderung eines Haufens seinen Rang ändert ist klar; es handelt sich also noch um die Zerteilungen.

b) Die Vermutung ergibt für alle *geraden* Haufenzahlen, und nur für diese, Ränge, die bei der Division durch 4 die Reste 2 oder 3 lassen, also dyadisch in der zweiten Stelle von rechts eine 1 führen. Wird ein *gerader* Haufen zerteilt, so entstehen zwei gerade oder zwei ungerade Haufen. Deren Ränge liefern im Nim eine Stellung, die dyadisch geschrieben in der von rechts gezählt zweiten Kolonne des Schemas zwei oder keine Einsen hat. Der Rang dieser Nimstellung besitzt also in der zweiten Stelle von rechts eine 0, wo der Rang des ursprünglichen Haufens eine 1 aufweist.

Der Rang eines *ungeraden* Haufens hat dyadisch an der zweiten Stelle von rechts eine 0. Durch Zerteilung entstehen ein gerader und ein ungerader Haufen, deren Ränge dyadisch in der zweiten Kolonne von rechts genau *eine* 1 ergeben.

Zu 2. Im allgemeinen ist ein niedrigerer Rang einfach durch Verminderung des betroffenen Haufens herzustellen. Das geht nur dann nicht, wenn man vom Rang $4n+4$ zum Rang $4n+3$ gelangen will. In diesem Fall zerteilt man den Haufen $4n+3$ in $1, 4n+2$ oder in $2, 4n+1$ mit gleichlautenden Rängen. Beide Paare haben im Nim den gewünschten Rang $4n+3$.

24

Der Nachziehende gewinnt. Die für den Anziehenden verlorenen „Stellungen" sind die Zahlen $16m+9$, zu denen 41 gehört. Man zeigt das durch zeilenweise Aufstellung der folgenden Tabelle, die sich nach 16 Zeilen wiederholt.

	A	N		A	N		A	N
0	*g*	*g*	8	*u* 7	*u*	16	*g* 7	*g*
1	*u* 1	*g*	9	*g* 1	*u*	17	*u* 1	*g*
2	*u* 1, *g* 2	—	10	*u* 2, *g* 1	—			
3	*u* 3, *g* 2	—	11	*u* 2, *g* 3	—			
4	*u* 3, *g* 4	—	12	*u* 4, *g* 3	—			
5	*u* 5, *g* 4	—	13	*u* 4, *g* 5	—			
6	*u* 5, *g* 6	—	14	*u* 6, *g* 5	—			
7	*u* 7, *g* 6	—	15	*u* 6, *g* 7	—			

Die erste Zeile besagt, daß bei 0 Marken der Anziehende (*A*) wie der Nachziehende (*N*) eine gerade Anzahl (*g*) von Marken erhalten, nämlich null.

Ebenso selbstverständlich gibt die zweite Zeile an, daß, beim Vorhandensein von nur einer Marke, *A* eine ungerade Zahl *u* bekommt durch Entnahme *einer* Marke, daher „*u* 1", *N* eine gerade. In der dritten Zeile hat *A* schon eine Wahl. Nimmt er 1, so versetzt er sich in die Rolle des *N* der zweiten Zeile, wo unter *N* ein *g* steht. Er erhält also $1+g$, d. h. *u* Marken: *u* 1. Nimmt er 2, so ist er in der Lage des *N* der ersten Zeile, wo gleichfalls *g* steht, und bekommt im ganzen $2+g$ Marken, eine *gerade* Zahl; darum steht dort „*g* 2". Wenn *A* seine Gesamteinnahme nach Bedarf gerade und ungerade machen kann, hat *N* keine Möglichkeit, „*g*" oder „*u*" zu erzwingen; das bedeutet der Strich in der Spalte unter *N*.

Bis zu 7 Marken ist der Prozeß recht einfach. Von 8 Marken darf *A* nicht weniger als 7 nehmen, sonst gerät er als *N* in eine Zeile mit einem Strich; durch Entnahme von 7 dagegen erreicht er als *N* das *g* der zweiten Zeile und bekommt mit $7+g$ eine ungerade Zahl; dies ist der Sinn von „*u* 7". Das *u* in der *N*-Spalte bei 8 und 9 Marken ist dadurch begründet, daß beidemal alle sieben vorangehenden Zeilen in der *A*-Spalte ein „*u*" führen. Die Periodenlänge 16 ist mit dieser Tabelle noch nicht erwiesen; dazu muß man sie um einige Zeilen verlängern und dann ablesen, daß sich die Gruppe der ersten sieben Zeilen wiederholt; sieben aufeinanderfolgende Zeilen bestimmen ja den weiteren Verlauf eindeutig. 41 Marken entsprechen also 9 Marken. Nimmt *A* im ersten Zug 1 oder 2; 3 oder 4; 5 oder 6; 7, so *N* bzw. 7; 5; 3; 1. Dann liegen noch 32 oder 33 Marken vor, und diese Zahlen entsprechen den beiden letzten Zeilen der Tabelle, wo *N* nun nach „*g*" strebt, da er schon eine ungerade Anzahl von Marken in der Hand hat.

Man sieht, daß die Chancen des *N* auch bei „Gerade gewinnt" nicht günstiger sind.

Ist *h* die höchste zulässige Entnahme, so beträgt die Periodenlänge $h+2$ bei geradem, $2h+2$ bei ungeradem *h*.

25

Ist $a N-1$ ein Teiler von N^3+1, so hat für $N>1$ auch der komplementäre Teiler, d. h. $\frac{N^3+1}{aN-1}$, die Form $bN-1$.

Denn aus

$$N^3+1=(aN-1)(bN-x)=ab\,N^2-bN-aNx+x \quad \text{mit} \quad 0\leqq x<N$$

folgt, daß $x-1$ durch N teilbar, also $x=1$ ist.

Die Gleichung

$$N^3+1=(aN-1)\,(bN-1) \quad (a\geqq 1,\ b\geqq 1)$$

führt zu

$$N^2-ab\,N+a+b=0,$$

$$N=\frac{ab}{2}\pm\frac{1}{2}\sqrt{a^2\,b^2-4\,(a+b)};$$

sie verlangt, daß $t=a^2\,b^2-4\,(a+b)$ eine Quadratzahl unterhalb $a^2\,b^2$ ist. Die nächstniedrigeren Quadratzahlen zu $a^2\,b^2$ sind

$$q_1^2=(ab-1)^2=a^2\,b^2-2\,ab+1 \text{ und}$$
$$q_2^2=(ab-2)^2=a^2\,b^2-4\,ab+4.$$

$t=q_1^2$ ist nicht möglich, weil $t-q_1^2=2\,ab+4\,(a+b)-1$ eine ungerade Zahl ergibt; also folgt $t\leqq q_2^2$, d. h.

$$a^2\,b^2-4\,(a+b)\leqq a^2\,b^2-4\,ab+4$$

oder

$$ab-(a+b)\leqq 1,$$

umgeformt

$$(a-1)\,(b-1)\leqq 2.$$

Für $a=1$ wird $t=b^2-4b-4=(b-2)^2-8$; dies soll ein Quadrat sein. Das einzige Paar von Quadratzahlen mit der Differenz 8 bilden 9 und 1. Darum ist $b=5$, und $N=3$ oder $N=2$. Für $a=2$ wird $t==4b^2-4b-8=(2b-1)^2-9$. Paare von Quadratzahlen mit der Differenz 9 gibt es nur zwei, nämlich 9 und 0, sowie 25 und 16. Das erste liefert $b=2$, $N=2$, das zweite $b=3$ und $N=5$ oder $N=1$.

Wenn a und b beide größer als 1 sind, dann wegen der angegebenen Ungleichung nicht beide größer als 2. Es sind also schon alle N ermittelt und es bleibt bei den vier als Beispiel mitgeteilten Werten.

26

Nennen wir eine Zahl m „darstellbar" mit a und b, wenn $m = ax + by$ in nicht-negativen Werten x, y gelöst werden kann, so gilt für teilerfremde a und b folgender Satz: Ist $m + n = ab - a - b$, dann ist genau eine der Zahlen m, n darstellbar.

In der Identität $ax' + by' \equiv a(x' - bt) + b(y' + at)$ kann man t so wählen, daß $0 \leqq x' - bt \leqq b - 1$ gilt. Darum sei für

$$m = ax + by, \; n = au + bv$$

schon

$$0 \leqq x \leqq b - 1, \; 0 \leqq u \leqq b - 1 \text{ angenommen.}$$

Aus $ax + by + au + bv = ab - a - b$

folgt nun

$$ab - a(x + u + 1) - b(y + v + 1) = 0 \tag{1}$$

und damit die Teilbarkeit von $x + u + 1$ durch b.

Wegen der Annahmen über x und u gilt

$$1 \leqq x + u + 1 \leqq 2b - 1,$$

also weiter

$$x + u + 1 = b$$

sowie nach (1)

$$y + v + 1 = 0.$$

Darum ist genau eine der Größen y, v negativ, die andere $\geqq 0$. Die kleinste darstellbare Zahl ist offensichtlich 0 (mit $x = y = 0$); das ergibt für die größte nicht darstellbare den Wert $ab - a - b$. Mit $a = 23$, $b = 28$ ist das die Zahl 593.

27

Begleiten wir Herrn Jemand ein kleines Stück Wegs und hoffen auf eine rettende Idee!

$$1 + \frac{1}{2} = \frac{2+1}{2}, 1 + \frac{1}{2} + \frac{1}{3} =$$

$$= \frac{6+3+2}{6}, 1 + \frac{1}{2} + \frac{1}{3} + \frac{1}{4} = \frac{12+6+4+3}{12},$$

$$1+\frac{1}{2}+\frac{1}{3}+\frac{1}{4}+\frac{1}{5}=\frac{60+30+20+\mathbf{15}+12}{60},$$

$$1+\frac{1}{2}+\frac{1}{3}+\frac{1}{4}+\frac{1}{5}+\frac{1}{6}=\frac{60+30+20+\mathbf{15}+12+10}{60}.$$

Es fällt auf, daß im Zähler neben lauter geraden Zahlen eine einzige ungerade steht. Ist dies weiterhin immer der Fall, so können wir auf eine stets ungerade Summe im Zähler schließen und, da der Hauptnenner mindestens einmal den Faktor 2 enthält, sagen: eine ungerade Zahl dividiert durch eine gerade, ergibt „natürlich" einen Bruch!

Wie oft enthält eigentlich der Hauptnenner den Faktor 2? Genau k-mal, wenn 2^k die höchste Potenz von 2 ist, die in der Folge 1, 2, 3, ..., n vorkommt; alle anderen Zahlen bis n enthalten ihn weniger oft oder garnicht. Die Zähler der Brüche, die diese andern Zahlen im Nenner haben, werden also nach dem Erweitern *gerade*, während der Bruch $\frac{1}{2^k}$ mit einer ungeraden Zahl zu erweitern ist. — Auch das bescheidenere Ziel ist unerreichbar.

28

Merkwürdigerweise: ja!

Es soll versucht werden, diese Antwort wenigstens plausibel zu machen. Wir beginnen mit irgendzwei Gegenpunkten der Erde, die im betrachteten Augenblick verschiedene Temperatur haben, und nennen A den Punkt mit der höheren, A' den mit der tieferen Temperatur. Nun denken wir uns einen neuen Globus mit irdischem Gradnetz hergestellt, auf dem der wärmere von zwei Gegenpunkten der Erde immer als „Land", der kältere als „Meer" figuriert. A befindet sich also auf dem neuen Globus in einem Landgebiet A_1, das ein Kontinent oder auch nur eine kleine Insel sein kann, A' an der Oberfläche des zu A_1 antipodischen Meeres A_1' das vielleicht nur einen Weiher darstellt. Jedenfalls hat A_1 eine Küste, A_1' ein Ufer.

Wenn die Küste und das Ufer identisch sind, bilden sie eine Kurve, die zu jedem ihrer Punkte auch den Gegenpunkt enthält und wie ein Gummiring nur aus einem Stück besteht. Andernfalls gibt es eine Wasserfläche A_2 und ein Land A_2', die A_1 bzw. A_1' umschließen, und damit ein zweites Ufer und eine zweite Küste. Fallen beide zusammen, so haben wir wieder eine antipodisch verlaufende Ringkurve. Sonst müssen wir mit A_3 und A_3' usw. fortfahren; dabei bedeuten die A mit ungeradem Index „Land", die mit geradem „Meer" (umgekehrt bei den A'). Dies Verfahren kommt praktisch zu einem Ende, weil ein Globus nicht jede Feinheit wiedergeben kann.

Aber auch wenn wir ihn beliebig vergrößern wollten: die Genauigkeit der Temperaturmessung ist beschränkt. Wir begnügen uns mit diesen anschaulichen Gründen für die Existenz einer Kurve auf der Erde, die aus nur einem Stück besteht, zu jedem ihrer Punkte den Gegenpunkt enthält, und zwar lauter Punkt*paare* von (im betrachteten Augenblick) gleicher Temperatur.

Auf dieser Kurve wählen wir irgendzwei Gegenpunkte B, B' mit verschiedenem Barometerstand (Abb. 20).

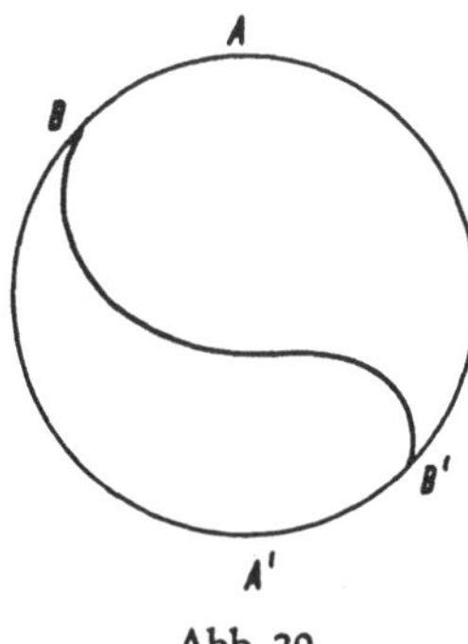

Abb. 20

Nun führen ganz analoge Überlegungen zu einer entsprechenden Ringkurve für den Luftdruck. Daß beide Kurven einander schneiden, und zwar in Gegenpunkten, ist klar.

29

Man wählt ein beliebiges Mitglied A. Herr A korrespondiert mit 16 Fachgenossen, also über eins der drei Gebiete mit mindestens 6 Herren, beispielsweise über das Altertum. Sind unter diesen 6 zwei vorhanden, deren Schriftwechsel gleichfalls die Geschichte des Altertums betrifft, so ist ein passendes Trio gefunden. Andernfalls befassen sich die 6 Herren untereinander nur mit zwei Gebieten; irgendeiner von ihnen sei B. Herr B korrespondiert mit den fünf anderen über zwei Gebiete, also über eins der beiden restlichen Gebiete mit mindestens 3 Herren, beispielsweise über Fragen des Mittelalters. Sind unter diesen 3 zwei vorhanden, deren Briefwechsel gleichfalls die Geschichte des Mittelalters betrifft, so ist wiederum ein passendes Trio gefunden. Die Alternative lautet: diese 3 Herren behandeln im Schriftverkehr untereinander die Neuzeit, bilden also auch ein Trio der gewünschten Art.

30

Wer anzieht, verliert. Dies geht aus der folgenden Kennzeichnung der Punkte des Spielfeldes hervor.

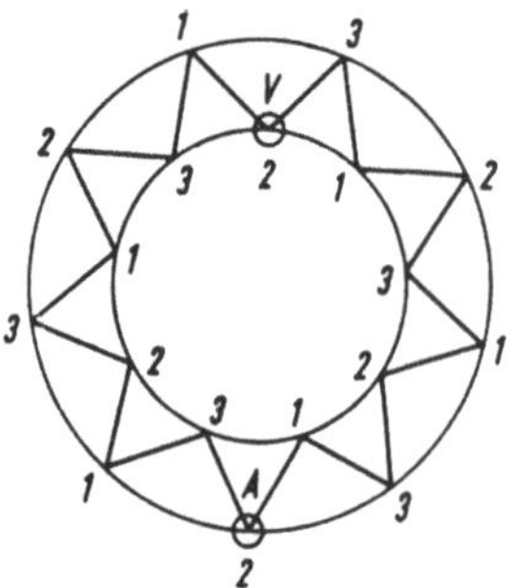

Abb. 21

In der Anfangsstellung haben die von den Spielmarken besetzten Punkte gleiche Nummern. Der erste Zug macht sie ungleich. Der Nachziehende gewinnt, indem er stets wieder die Gleichheit der Ziffern herstellt.

Nennt man die Strecken, die zwischen den Kreisen liegen, „Querstrecken", dann läuft das Gleichmachen der Nummern auf die Regel hinaus: Ziehe so, daß die Anzahl der Querstrecken, die bis zum Gegner zurückzulegen sind, durch 3 teilbar ist. Der Scherz besteht darin, später einen ganz ähnlichen Spielplan unterzuschieben, bei dem die Anzahl der Punkte nicht durch 3 teilbar ist. In diesem Fall kann der Verteidiger die ihm mitgeteilte Regel nur für den einen Querstreckenweg zum Angreifer befolgen und dieser gewinnt, indem er andersherum geht, sowohl im Anzug wie im Nachzug.

Literaturangaben

Die vorangestellten Zahlen beziehen sich auf die Aufgaben und deren Lösungen.

2 "Archimedes", Heft 2 (April 1949), S. 10, Aufgabe (29).

4 *Freedman, Benedict:* The four number game. Scripta math., New York **14**, 35—47 (1948).

6 *Sainte-Laguë, A.:* Avec des nombres et des lignes (Récréations mathématiques). Paris 1937. S. 16—19, 27.

8, 9 *Smith, C. A. B.:* The counterfeit coin problem. Math. Gaz., London **31**, 31—39 (1947).

10 *Bouton, C. L.:* Nim, a game with a complete mathematical theory. Annals of mathematics, Harvard U.S.A. (2) **3** (1901—1902), 35—39.

11 *Wythoff, W. A.:* A modification of the Game of Nim (1906). Nieuw Archief voor Wiskunde (2) **7** (1907), 199—202.

14 *Welter, C. P.:* The theory of a class of games on a sequence of squares, in the terms of the advancing operation in a special group. Nederl. Akad. Wet., Proc., Ser. A **57**, 194—200 (1954).

16 *G. Pólya:* Über die „doppelt-periodischen" Lösungen des n-Damen-Problems. (In *W. Ahrens,* Mathematische Unterhaltungen und Spiele, Bd. II (1918), 364—374.)

17 Zeitschrift für math. u. naturwiss. Unterricht **65** (1934), S. 49, Aufgabe 1193 von Sós-Budapest.

22 *Lester, R., Ford* jr. and *Selmer M. Johnson:* A tournament problem. Amer. math. Monthly **66**, 387—389 (1959).

23 *Lasker, Emanuel:* Brettspiele der Völker. Rätsel und mathematische Spiele. Berlin 1931, 183—186.

26 *Fueter, R.:* Synthetische Zahlentheorie, Berlin und Leipzig 1925, 7.

27 Aufgabe von *J. Schur* in *F. Neiss,* Einführung in die Zahlentheorie, Leipzig 1925, 104.

28 *Steinhaus, H.:* Kaleidoskop der Mathematik, Berlin 1959, 286/287.

Programmgesteuerte Universalrechner
von F. Stuchlik DM 6,40
Projektierung von Regelungsanlagen
von H. Schöpflin DM 6,40
Regelung von Dampferzeugern
von W. Weller DM 6,40
Regelungstechnik für Praktiker
von G. Schwarze DM 6,40
Statische Methoden der Regelungstechnik
von M. Peschel DM 6,40

Ostwalds Klassiker

der exakten Wissenschaften - Taschenbuchreihe kommentierter Originaltexte

Die Begründung der Elektrochemie und Entdeckung der ultravioletten Strahlen
von J. W. Ritter DM 14,00
Über die Einführung absoluter elektrischer Maße
von W. Weber und R. Kohlrausch DM 9,80
Das Feste im Festen
von Niels Stensen DM 18,00
Neun Bücher arithmetischer Technik – Ein chinesisches Rechenbuch für den praktischen Gebrauch aus der frühen Hanzeit DM 16,80
De Thiende (Dezimalbruchrechnung)
von Simon Stevin DM 7,80

Studienausgaben

Abriß der Geschichte der Mathematik
von D. J. Struik DM 10,80
Atomare Struktur und Festigkeit der Metalle
von N. F. Mott DM 3,80
Atomphysik und menschliche Erkenntnis I
von N. Bohr DM 9,80
Atomphysik und menschliche Erkenntnis II
von N. Bohr DM 12,80
Aufgabensammlung zur Vektorrechnung
von A. Wittig DM 6,40
Bildungsaufgaben des physikalischen Unterrichts
von E. Hunger DM 9,80
Die biologischen Grundlagen des Lebens
von C. H. Waddington DM 10,80
Denkweisen großer Mathematiker – Ein Weg zur Geschichte der Mathematik
von H. Meschkowski DM 6,80
Differentialgeometrie in Vektorräumen
von D. Laugwitz DM 13,80
Der dritte Hauptsatz der Thermodynamik
von J. Wilks DM 10,80
Einführung in die diskreten Markoff-Prozesse und ihre Anwendungen
von H. Lahres DM 9,80
Einführung in die formale Logik
von G. Harbeck DM 6,80
Einführung in die Vektorrechnung
von A. Wittig DM 6,40
Elementare Wellenmechanik
von W. H. Heitler DM 10,80
Erscheinungsformen und Gesetze des Zufalls
von W. Böhme DM 9,80
Geist und Materie
von E. Schrödinger DM 9,00
Grundgesetze der Physik
von A. Haendel DM 8,20
Die Grundlagen des physikalischen Begriffssystems
von W. H. Westphal DM 5,60
Vom Haushalt der Zelle – Auf den Spuren des Lebens
von J. A. V. Butler DM 12,80
Klassische Wahrscheinlichkeitsrechnung
von K. Wellnitz DM 4,80
Kleines Lehrbuch der Elektrotechnik
herausgegeben von G. K. M. Pfestorf
Band I: Gleichstrom DM 6,80
Band II: Wechselstrom DM 6,80
Band IV: Wechselstromlehre I DM 6,80
Band V: Wechselstromlehre II DM 6,80
Band VI: Lichttechnik DM 7,90
Kombinatorik
von K. Wellnitz DM 3,90
Mathematische Rätsel und Probleme
von M. Gardner DM 10,80
Der Mensch und die naturwissenschaftliche Erkenntnis
von W. H. Heitler DM 8,80
Moderne Wahrscheinlichkeitsrechnung
von K. Wellnitz DM 6,80
Die naturwissenschaftliche Erkenntnis:
von E. Hunger
Band 1 – Begriff und Methode DM 4,90
Band 2 – Der Mensch und die Naturwissenschaft DM 4,90
Band 3 – Prinzipienfragen der naturwissenschaftlichen Erkenntnis DM 4,90
Nichteuklidische Geometrie
von H. Meschkowski DM 4,80
Physikalische Aufgaben
von H. Lindner DM 8,80
Die physikalische Erkenntnis und ihre Grenzen
von A. March DM 10,80
Physikalische Kernchemie
von U. Schindewolf DM 10,80
Symbole, Einheiten und Nomenklatur in der Physik
Document U.I.P. (IUPAP) DM 3,50
Unterhaltsame Mathematik
von R. Sprague DM 6,80
Vektoren in der analytischen Geometrie
von A. Wittig DM 6,80
Was sind und was sollen die Zahlen?
Stetigkeit und irrationale Zahlen
von R. Dedekind DM 5,80
Wendepunkte in der Physik
D. ter Haar u. A. C. Crombie DM 9,80

C + International Library

Advanced Engineering Thermodynamics
von R. S. Benson DM 14,40

Agricultural Physics
von C. W. Rose DM 10,10

Atomic Spectra
von W. R. Hindmarsh DM 16,80

Basic Instrumentation for Engineers an Physicists
von A. M. P. Brookes DM 10,10

Basic Principles of Electronics, Vol. 1: Thermionics
von J. Jenkins und W. H. Jarvis DM 10,10

Chemical Binding and Structure
von J. E. Spice DM 10,10

Chemical Kinetics and Surface / Colloid Chemistry
von A. F. Trotman-Dickenson und G. D. Parfitt DM 8,40

The Chemistry of the Metallic Elements
von D. Steele DM 10,10

Chemistry of the Non-Metallic Elements
von E. Sherwin und G. J. Weston DM 7,20

Concerning Amines – Their Properties Preparation and Reactions
von D. Ginsburg DM 12,00

The Contributions of Faraday and Maxwell to Electrical Science
von R. A. R. Tricker DM 12,00

Diffraction Coherence in Optics
von M. Françon DM 9,60

Elementary Reactor Physics
von P. J. Grant DM 10,10

Elements and Formulae of Special Relativity
von E. A. Guggenheim DM 6,00

The Fundamentals of Corrosion
von J. C. Scully DM 9,60

Heavy Organic Chemicals
von A. J. Gait DM 12,00

High Explosives and Propellants
von S. Fordham DM 10,10

High Pressure Chemistry
von R. S. Bradley und D. C. Munro DM 10,10

Inorganic Chemistry in Non-Aqueous Solvents
von A. K. Holliday und A. G. Massey DM 8,40

Introduction to Dislocations
von P. Hull DM 12,00

An Introduction to Gas Discharges
von A. M. Howatson DM 10,10

An Introduction to Chemical Metallurgy
von R. H. Parker DM 16,80

Introduction to Polymer Chemistry
von D. Margerison und G. C. East DM 12,00

Introductory Practical Physical Chemistry
von D. T. Burns und E. Rattenbury DM 7,20

Irradiation Damage to Solids
von B. T. Kelly DM 12,00

Kinetics of Inorganic Reactions
von A. G. Sykes DM 14,40

Kinetic Theory, Vol. 1: The Nature of Gases and of Heat
von S. G. Brush DM 8,40

Kinetic Theory, Vol. 2: Irreversible Processes
von S. G. Brush DM 10,10

The Laws and Applications of Thermodynamics
von A. D. Buckingham DM 10,10

Magnetohydrodynamics with Hydrodynamics, Vol. 1
von P. C. Kendall und C. Plumpton DM 8,40

Nuclear Forces
von D. M. Brink DM 8,40

Optical Illusions
von S. Tolansky DM 8,40

Purines, Pyrimidines und Nucleotides
von T. L. V. Ulbricht DM 6,00

Reaction Kinetics, Vol. 1: Homogeneous Gas Reactions
von K. J. Laidler DM 10,10

Reaction Kinetics, Vol. 2: Reactions in Solution
von K. J. Laidler DM 8,40

Selected Readings in Chemical Kinetics
von M. H. Back und K. J. Laidler DM 10,10

Semiconductor Circuits: Theory, Design & Experiment
von J. R. Abrahams und G. J. Pridham DM 14,40

Some Electrical and Optical Aspects of Molecular Behaviour
von M. Davies DM 7,20

Technical Writing & Presentation
von W. S. Robertson und W. D. Siddle DM 6,00

A Textbook of Magnetohydrodynamics
von J. A. Shercliff DM 10,10

Topics in Algebra
von H. Perfect DM 8,40

Vacuum and Solid State Electronics
von D. J. Harris und P. N. Robson DM 9,60

The Velocity of Light
von J. H. Sanders DM 8,40

Worked Problems in Heat, Thermodynamics and Kinetic Theory
von L. Pincherle DM 7,20